JN061828

コンパクトシリーズ　数学

線 形 代 数

河村哲也　著

インデックス出版

Preface

　大学で理工系を選ぶみなさんは、おそらく高校の時は数学が得意だったのではないでしょうか。本シリーズは高校の時には数学が得意だったけれども大学で不得意になってしまった方々を主な読者と想定し、数学を再度得意になっていただくことを意図しています。それとともに、大学に入って分厚い教科書が並んでいるのを見て尻込みしてしまった方を対象に、今後道に迷わないように早い段階で道案内をしておきたいという意図もあります。

　数学は積み重ねの学問ですので、ある部分でつまずいてしまうと先に進めなくなるという性格をもっています。そのため分厚い本を読んでいて、枝葉末節にこだわると読み終えないうちに嫌になるということが多々あります。このような時には思い切って先に進めばよいのですが、分厚い本だとまた引っかかる部分が出てきて、自分は数学に向かないとあきらめてしまうことになりかねません。

　このようなことを避けるためには、第一段階の本、あるいは読み返す本は「できるだけ薄い」のがよいと著者は考えています。そこで本シリーズは大学の2〜3年次までに学ぶ数学のテーマを扱いながらも重要な部分を抜き出し、一冊については本文は 70 〜 90 頁程度（Appendix や問題解答を含めてもせいぜい 100 〜 120 頁程度）になるように配慮しています。具体的には本シリーズは

　　微分・積分
　　線形代数
　　常微分方程式
　　ベクトル解析
　　複素関数
　　フーリエ解析・ラプラス変換
　　数値計算

の 7 冊からなり、ふつうの教科書や参考書ではそれぞれ 200 〜 300 ページになる内容のものですが、それをわかりやすさを保ちながら凝縮しています。

　なお、本シリーズは性格上、あくまで導入を目的としたものであるため、今後、数学を道具として使う可能性がある場合には、本書を読まれたあともう一度、きちんと書かれた数学書を読んでいただきたいと思います。

河村 哲也

Contents

Chapter 4

固有値と固有ベクトル   **61**

Appendix A

ベクトル空間と線形写像   **85**

AppendixB

問題略解   **101**

Chapter 1

行　　列

1.1 連立 1 次方程式と行列

　本書で述べる行列の典型的な例として連立 1 次方程式の係数を 2 次元的に並べたものがあります．たとえば，連立 3 元 1 次方程式

$$a_{11}x_1 + a_{12}x_2 + a_{13}x_3 = a_{14}$$
$$a_{21}x_1 + a_{22}x_2 + a_{23}x_3 = a_{24}$$
$$a_{31}x_1 + a_{32}x_2 + a_{33}x_3 = a_{34} \qquad (1.1.1)$$

に対して，左辺の係数のみ，および右辺を含めて並べて作った数字の組

$$\begin{bmatrix} a_{11} & a_{12} & a_{13} \\ a_{21} & a_{22} & a_{23} \\ a_{31} & a_{32} & a_{33} \end{bmatrix} \quad \begin{bmatrix} a_{11} & a_{12} & a_{13} & a_{14} \\ a_{21} & a_{22} & a_{23} & a_{24} \\ a_{31} & a_{32} & a_{33} & a_{34} \end{bmatrix} \qquad (1.1.2)$$

は行列です．このようにいくつかの数字の組を 2 次元的に長方形（正方形を含む）の形に配置し，括弧でくくったものを**行列**とよんでいます．特に上記の左の例は正方形の形をしているため**正方行列**といいます．行列において数字の横の並びのそれぞれを横書きの本の場合と同じく**行**とよびます．一方，縦の数字の並びのそれぞれを**列**とよびます．また行列を形づくる個々の数字を行列の**要素**とよんでいます．したがって，上の例では左側は行が 3 で列が 3 の行列であり，9 個の要素があります．同様に右側では行が 3 で列が 4 の行列であり，12 個の要素があります．またこれらの行列をそれぞれ 3 行 3 列および 3 行 4 列の行列とよびます．さらに要素を指定するため，その要素の行の番号と列の番号を並べて，たとえば (1, 2) 要素などと記します．これは 1 行 2 列目の位置にある要素（式 (1.1.2) では a_{12}）のことです．

　今の時点では，行列とはただ単に数字を長方形に並べたものにすぎません．ただし，これから述べる種々の演算規則を導入することにより行列は非常に便利な性質をもつようになります．

さて,
  (a)　行列の行を定数倍（0 倍を除く）する操作
  (b)　行列のある行に定数を掛けて他の行と加減を行う操作[*1]
  (c)　行列の行の入れ換えを行う操作
の 3 つの操作を行列の**基本変形**といいます. この基本変形を行うと行列の要素は変化しますが, もとになる連立 1 次方程式の解は変化しません. このことは, 連立 1 次方程式を消去法で解くときの手順を思い出せば容易に理解できます. いま基本変形を何回か行って行列(1.1.2) が

$$\begin{bmatrix} a_{11} & a_{12} & a_{13} & a_{14} \\ 0 & a'_{22} & a'_{23} & a'_{24} \\ 0 & 0 & a''_{33} & a''_{34} \end{bmatrix} \tag{1.1.3}$$

となったとします. 具体的にはまず行列(1.1.2) の 1 行目に着目して 2 行目以下の 1 列目の要素が 0 になるようにします. そのため 1 行目を a_{21}/a_{11} 倍して 2 行目から引き, また 1 行目を a_{31}/a_{11} 倍して 3 行目から引くと

$$\begin{bmatrix} a_{11} & a_{12} & a_{13} & a_{14} \\ 0 & a'_{22} & a'_{23} & a'_{24} \\ 0 & a'_{32} & a'_{33} & a'_{34} \end{bmatrix}$$

という形になります. 次にこの行列の 2 行目に着目して 3 行目の 2 列目が 0 になるように, 2 行目に a'_{32}/a'_{22} をかけて 3 行目から引きます. その結果, 式 (1.1.3) となります. なお, この手順からわかるように行列の要素は順に変化します. この例ではダッシュが 1 つのものは 1 回変化したこと, ダッシュが 2 つのものは 2 回変化したことを表しています. また, 第 1 回目の操作では $a_{11} \neq 0$, 第 2 回目の操作では $a'_{22} \neq 0$ であることを仮定しており, この仮定が成り立たない場合には行の入れ替えを行う必要があります. ここで連立 1 方程式にもどれば

$$\begin{array}{rl} a_{11}x_1 \quad +a_{12}x_2 \quad +a_{13}x_3 &= a_{14} \\ a'_{22}x_2 \quad +a'_{23}x_3 &= a'_{24} \\ a''_{33}x_3 &= a''_{34} \end{array} \tag{1.1.4}$$

[*1]　正確にいえば行列のふたつの行に注目してひとつの行の各要素を定数倍した上で, 列ごとにもうひとつの行の要素と加減を行う操作.

という形になります．この方程式はその形から**上三角型**とよばれます．上三角型の方程式は簡単に解くことができます．すなわち，式(1.1.4) の 1 番下の式から x_3 を求め，次にこの x_3 を下から 2 番目の式に代入して x_2 を求め，最後に x_2 と x_3 を 1 番上の式に代入して x_1 を求めます．この手続きを**後退代入**といいます．なお，もとの方程式を上三角型する操作を**前進消去**といい，前進消去と後退代入によって連立 1 次方程式を解く方法を**ガウスの消去法**とよんでいます．

　ガウスの消去法と類似の方法に**掃き出し法**があります．上記の例で説明するとまず 1 行目を a_{11} で割って $(1,1)$ 要素を 1 にしてから，下 2 行から第 1 列目の要素を 0 にします．次に 2 行目を a'_{22} で割って $(2,2)$ 要素を 1 にしてから 3 行目および 1 行目から，第 2 列目が 0 になるようにします．このときの計算により第 1 列目の要素は影響を受けません．最後に 3 行目を a'_{33} で割って $(3,3)$ 要素を 1 にして，上の 2 行から第 3 列目を 0 になるようにします．この計算により第 1,2 列目の要素は変化しません．着目している行より下の部分を計算するガウスの消去法に比べ，掃き出し法は上の部分まで計算するため計算量は多くなります．しかし，これらの消去計算が終わった時点で，行列は

$$\begin{bmatrix} 1 & 0 & 0 & a''_{14} \\ 0 & 1 & 0 & a''_{24} \\ 0 & 0 & 1 & a''_{34} \end{bmatrix}$$

という形になっています．したがって，もとの方程式に戻れば 4 列目がそのまま解です．すなわち，掃き出し法では後退代入を行う必要はありません．

Example 1.1.1

$$3x - 12y + 9z = -3$$
$$2x - 5y + 4z = 0$$
$$-2x + 9y - 7z = 2$$

をガウス消去法および掃き出し法を用いて解きなさい．

[Answer]

行列の基本変形を用いて，ガウスの消去法で解けば，

$$
\begin{bmatrix} 3 & -12 & 9 & -3 \\ 2 & -5 & 4 & 0 \\ -2 & 9 & -7 & 2 \end{bmatrix} \rightarrow \begin{bmatrix} 3 & -12 & 9 & -3 \\ 0 & 3 & -2 & 2 \\ 0 & 1 & -1 & 0 \end{bmatrix} \rightarrow \begin{bmatrix} 3 & -12 & 9 & -3 \\ 0 & 3 & -2 & 2 \\ 0 & 0 & -1/3 & -2/3 \end{bmatrix}
$$

のようになります．なお，この変形において 1 番目の行列から 2 番目の行列に変形するには，1 番目の行列の第 1 行を $(-2/3)$ 倍して第 2 行に足し，同様に第 1 行を $(2/3)$ 倍して第 3 行に足しています．また 2 番目の行列から 3 番目の行列に変形するには第 2 行を $(-1/3)$ を第 3 行に足しています．最後の行列を連立 1 次方程式の形にすれば

$$
\begin{aligned}
3x & -12y & +9z & = -3 \\
& 3y & -2z & = 2 \\
& & -z/3 & = -2/3
\end{aligned}
$$

となるため，前述のように下から順に解くことができて，解として

$$z = 2, \quad y = 2, \quad x = 1$$

が得られます．

同様に掃き出し法の場合に第 1 行を 3 で割ったあとは次のようになります．

$$
\begin{bmatrix} 1 & -4 & 3 & -1 \\ 2 & -5 & 4 & 0 \\ -2 & 9 & -7 & 2 \end{bmatrix} \rightarrow \begin{bmatrix} 1 & -4 & 3 & -1 \\ 0 & 3 & -2 & 2 \\ 0 & 1 & -1 & 0 \end{bmatrix} \rightarrow \begin{bmatrix} 1 & -4 & 3 & -1 \\ 0 & 1 & -2/3 & 2/3 \\ 0 & -1 & -1 & 0 \end{bmatrix}
$$

$$
\begin{bmatrix} 1 & 0 & 1/3 & 5/3 \\ 0 & 1 & 2/3 & 2/3 \\ 0 & 0 & 1/3 & 2/3 \end{bmatrix} \rightarrow \begin{bmatrix} 1 & 0 & 1/3 & 5/3 \\ 0 & 1 & -2/3 & 2/3 \\ 0 & 0 & 1 & 2 \end{bmatrix} \rightarrow \begin{bmatrix} 1 & 0 & 0 & 1 \\ 0 & 1 & 0 & 2 \\ 0 & 0 & 1 & 2 \end{bmatrix}
$$

1.2 行列の階数　その1

　連立1次方程式によっては解がなかったり，あるいは無数あったりすることがあります．これは係数から作った行列の形によりますが，前節で述べた3元連立1次方程式に対してこの点について考えてみます．

　まず第1式のxの係数a_{11}が0でないように方程式の順番を入れ替えておきます．x_1の係数がすべて0の場合はこのような入れ替えができませんが，その場合は連立3元1次にはならないので除外します．そして，係数行列を取り出しガウスの消去法の手順で行基本変形を行ったときに起こりうるすべての場合を図1.2.1に示します．ここで＊印は0でない数，△印は0または0でない数です．この図でもう1点注意すべきことはガウスの消去法の手順では行列の4列目は他の列に影響を及ぼさないということです．したがって，4列目を無視してつくった$(3,3)$行列に対して行基本変形を行ったときも四角で囲んだ部分は同じになります．

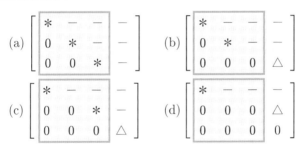

図 1.2.1

　さて，基本変形の結果，図1.2.1(a)に示したようになった場合には式(1.1.1)の方程式は一意の解をもちます．このような場合，もとの$(3,4)$行列の**階数**（または**ランク**）は3であるといいます．次に図1.2.1(b)または(c)に示した行列になることもあります．このとき3行目の△が0の場合にはもとの$(3,4)$行列のランクは2であるといい，0でない場合にはランクは3であるといいます．ただし，四角で囲んだ$(3,3)$行列のランクは(b)と(c)も2です．すなわち，ランクとは基本変形を行ったあとの行列に着目したとき，行列の行に0でない要素が1つでもあるような行の数です．

連立 1 次方程式を解く場合，図 1.2.1(b),(c) の行列の 3 行目は $0 = \triangle$ という式であるため，もし $\triangle$ が 0 でなければ，意味のない式になります．したがって，この場合はもとの連立 1 次方程式は解をもたないことになります．一方，$\triangle$ が 0 であれば，図 1.2.1(b) の場合は

$$a_{11}x_1 + a_{12}x_2 + a_{13}x_3 = a_{14} \tag{1.2.1}$$
$$a'_{22}x_2 + a'_{23}x_3 = a'_{24}$$

という連立 1 次方程式になり，図 1.2.1(c) の場合は

$$a_{11}x_1 + a_{12}x_2 + a_{13}x_3 = a_{14} \tag{1.2.2}$$
$$a'_{23}x_3 = a'_{24}$$

となります．いずれの場合でも解は無数ありますが，t を任意の実数としたとき，式(1.2.1) の解は

$$x_3 = t, \quad x_2 = \frac{a'_{24} - a'_{23}t}{a'_{22}} \quad x_1 = \frac{1}{a_{11}}\left(a_{14} - \frac{a_{12}(a'_{24} - a'_{23}t)}{a'_{22}} - a_{13}t\right)$$

式(1.2.2) の解は

$$x_3 = \frac{a'_{24}}{a'_{23}}, \quad x_2 = t, \quad x_1 = \frac{1}{a_{11}}\left(a_{14} - a_{12}t - \frac{a_{13}a'_{24}}{a'_{23}}\right)$$

になります．すなわち，ひとつのパラメータで表せます．このような場合を**自由度**は 1 であるといいます．なお，解がひと通りに決まる場合は自由度は 0 といいます．

最後に図 1.2.1(d) の形になった場合も同様で，$\triangle$ が 0 でないときは (3,4) 行列のランクは 2，0 のときはランクは 1 です．また四角で囲った (3,3) 行列のランクは 1 です．$\triangle$ が 0 でなければ $0 = \triangle$ という意味のない式が得られるため，もとの方程式は解をもちません．また $\triangle$ が 0 のときは

$$a_{11}x_1 + a_{12}x_2 + a_{13}x_3 = a_{14} \tag{1.2.3}$$

という方程式になるため，t と s という 2 つのパラメータを用いて解は

$$x_3 = t, \quad x_2 = s, \quad x_1 = (a_{14} - a_{12}s - a_{13}t)/a_{11}$$

と表せます．この場合の自由度は 2 です．

以上をまとめると以下の結論が得られます．

連立 3 元 1 次方程式が一通りの解をもつためには係数から作った行列のランクが 3 であることが必要（十分）です．また，ともかく解をもつ場合は未知数の係数からつくった $(3,3)$ 行列（**係数行列**）と右辺まで含めてつくった $(3,4)$ 行列（**拡大行列**）のランクが一致します[*2].

1.3 行列の演算

1.1 節で定義した行列を一般化して行の数が m，列の数が n の m 行 n 列の行列を考えます．この行列を簡単に (m,n) 行列または $m \times n$ 行列とよびます．この行列を A と書くことにすれば

$$A = \begin{bmatrix} a_{11} & a_{12} & \cdots & a_{1n} \\ a_{21} & a_{22} & \cdots & a_{2n} \\ \vdots & \vdots & \vdots & \vdots \\ a_{m1} & a_{m2} & \cdots & a_{mn} \end{bmatrix} \tag{1.3.1}$$

です．特に，1 列だけまたは 1 行だけの行列はひとつの添字で成分を表すこともできます．たとえば，m 行 1 列の行列 B と 1 行 n 列の行列を C は，

$$B = \begin{bmatrix} b_1 \\ b_2 \\ \vdots \\ b_m \end{bmatrix}, \quad C = \begin{bmatrix} c_1 & c_2 & \cdots & c_n \end{bmatrix} \tag{1.3.2}$$

と記すことができます．C の形は n 次元ベクトル（の成分表示）と似ており，**横ベクトル**といい，それに対応して B も m 次元ベクトルと考えることができ**縦ベクトル**といいます．このように，ベクトルは行または列が 1 の特殊な行列とみなすことができます．

(m,n) 行列 A があった場合，行と列を入れ換えた行列も考えられます．これをもとの行列の**転置行列**とよび，A^T で表します．A^T は定義から (n,m) 行列になります．上添字 T は転置であることを英語の Transpose の頭文字です．式(1.3.1)，(1.3.2) の A,B,C に対応させれば

[*2] さらに，解をもつ場合には行列のランクと自由度を足せば 3 になります．

$$A^T = \begin{bmatrix} a_{11} & a_{21} & \cdots & a_{m1} \\ a_{12} & a_{22} & \cdots & a_{m2} \\ \vdots & \vdots & \vdots & \vdots \\ a_{1n} & a_{2n} & \cdots & a_{mn} \end{bmatrix} \tag{1.1.3}$$

$$B^T = \begin{bmatrix} b_1 & b_2 & \cdots & b_m \end{bmatrix}, \quad C^T = \begin{bmatrix} c_1 \\ c_2 \\ \vdots \\ c_n \end{bmatrix} \tag{1.3.4}$$

となります．紙面を節約するために縦ベクトルを式(1.3.4) の左のように書くことがしばしばあります．

定義から転置行列には

$$(A^T)^T = A \tag{1.3.5}$$

という性質があります．

以下，行列に対する演算を定義します．

（1）　行列の相等

2つの行列 A と B が同じ大きさ（すなわち行の数と列の数が等しい）で，すべての対応する要素が等しいとき A と B は等しいと定義します（**行列の相等**）．すなわち，A と B の両方が (m, n) 行列で $1 \le i \le m, 1 \le j \le n$ を満たす全ての i, j に対して

Point

$a_{ij} = b_{ij}$　ならば　$A = B$

です．

（2） 行列の和と差，スカラー倍

行列の和と差は，2つの行列の大きさが等しいときに，以下のように各成分の和と差として定義します：

$$\begin{bmatrix} a_{11} & \cdots & a_{1n} \\ \vdots & \vdots & \vdots \\ a_{m1} & \cdots & a_{mn} \end{bmatrix} \pm \begin{bmatrix} b_{11} & \cdots & b_{1n} \\ \vdots & \vdots & \vdots \\ b_{m1} & \cdots & b_{mn} \end{bmatrix} = \begin{bmatrix} a_{11} \pm b_{11} & \cdots & a_{1n} \pm b_{1n} \\ \vdots & \vdots & \vdots \\ a_{m1} \pm b_{m1} & \cdots & a_{mn} \pm b_{mn} \end{bmatrix}$$

(1.3.6)

行列のスカラー倍は各要素をスカラー倍すると定義します：

$$k \begin{bmatrix} a_{11} & \cdots & a_{1n} \\ \vdots & \vdots & \vdots \\ a_{m1} & \cdots & a_{mn} \end{bmatrix} = \begin{bmatrix} ka_{11} & \cdots & ka_{1n} \\ \vdots & \vdots & \vdots \\ ka_{m1} & \cdots & ka_{mn} \end{bmatrix}$$

(1.3.7)

この定義は和の定義とも矛盾しません．たとえば同じ行列の和は，行列を2倍したものと解釈するのが自然ですが，確かに

$$\begin{bmatrix} a_{11} & \cdots & a_{1n} \\ \vdots & \vdots & \vdots \\ a_{m1} & \cdots & a_{mn} \end{bmatrix} + \begin{bmatrix} a_{11} & \cdots & a_{1n} \\ \vdots & \vdots & \vdots \\ a_{m1} & \cdots & a_{mn} \end{bmatrix} = \begin{bmatrix} 2a_{11} & \cdots & 2a_{1n} \\ \vdots & \vdots & \vdots \\ 2a_{m1} & \cdots & 2a_{mn} \end{bmatrix}$$

となっています．

このように定義した行列の和については，交換法則や結合法則が成り立ちます．

$$A + B = B + A \tag{1.3.8}$$

$$(A + B) + C = A + (B + C) \tag{1.3.9}$$

また，k をスカラーとすれば

$$k(A + B) = kA + kB \tag{1.3.10}$$

が成り立ちます．

（3）　行列の積

(m, n) 行列 A と (n, k) 行列 B の**行列の積** $C = AB$ を以下のように定義します．ここで n が共通であることが必要で，結果として得られる行列は (m, n) (n, k) から間に挟まれる共通の n を取り除いた (m, k) 行列になります．

$$
\begin{bmatrix}
a_{11} & a_{12} & \cdots & a_{1n} \\
a_{21} & a_{22} & \cdots & a_{2n} \\
\vdots & \vdots & \vdots & \vdots \\
a_{m1} & a_{m2} & \cdots & a_{mn}
\end{bmatrix}
\begin{bmatrix}
b_{11} & b_{12} & \cdots & b_{1k} \\
b_{21} & b_{22} & \cdots & b_{2k} \\
\vdots & \vdots & \vdots & \vdots \\
b_{n1} & b_{n2} & \cdots & b_{nk}
\end{bmatrix}
$$

$$
=
\begin{bmatrix}
a_{11}b_{11} + \cdots + a_{1n}b_{n1} & a_{11}b_{12} + \cdots + a_{1n}b_{n2} & \cdots & a_{11}b_{1k} + \cdots + a_{1n}b_{nk} \\
a_{21}b_{11} + \cdots + a_{2n}b_{n1} & a_{21}b_{12} + \cdots + a_{2n}b_{n2} & \cdots & a_{21}b_{1k} + \cdots + a_{2n}b_{nk} \\
\vdots & \vdots & \vdots & \vdots \\
a_{m1}b_{11} + \cdots + a_{mn}b_{n1} & a_{m1}b_{12} + \cdots + a_{mn}b_{n2} & \cdots & a_{m1}b_{1k} + \cdots + a_{mn}b_{nk}
\end{bmatrix}
$$

$$\tag{1.3.11}$$

あるいはひとつの要素で行列を代表させると積 C の (i, j) 要素 c_{ij} は

$$
c_{ij} = \sum_{l=1}^{n} a_{il} b_{lj} \tag{1.3.12}
$$

となります．

この定義から (m, n) 行列と (n, k) 行列の積を計算するには合計 mk 個の積和（ひとつの積和の計算には式(1.3.12) の項が n あるため n 回のかけ算）を計算する必要があります．

特に以下の **Exmaple1.3.1** に示しますが $(1, n)$ 行列（横ベクトル）と $(n, 1)$ 行列の積は $(1, 1)$ 行列，すなわち 1 つの数（スカラー）になり，逆に $(n, 1)$ 行列と $(1, n)$ 行列の積は (n, n) 行列になります．

Example 1.3.1

$A = (a_1, a_2, \cdots, a_n)^T$ と $B = (b_1, b_2, \cdots, b_n)$ に対して BA と AB を計算しなさい．

[Answer]

$$BA = b_1 a_1 + b_2 a_2 + \cdots + b_n a_n$$

$$AB = \begin{bmatrix} a_1 \\ a_2 \\ \vdots \\ a_m \end{bmatrix} \begin{bmatrix} b_1 & b_2 & \cdots & b_n \end{bmatrix} = \begin{bmatrix} a_1 b_1 & a_1 b_2 & \cdots & a_1 b_n \\ a_2 b_1 & a_2 b_2 & \cdots & a_2 b_n \\ \vdots & \vdots & \vdots & \vdots \\ a_m b_1 & a_m b_2 & \cdots & a_m b_n \end{bmatrix}$$

$$(1.3.13)$$

上の **Example** で BA は 2 つのベクトル（横ベクトルと縦ベクトル）の**内積**と同じ形になっていることに注意します．一般に (m,n) 行列 A を n 個の横ベクトルの集まり，(n,k) 行列 B を縦ベクトルの集まりと解釈した場合，積 AB の計算では合計 mk 個の内積を計算していることになります．すなわち，式 (1.3.12) は積 AB の (i,j) 要素は A の i 行目の（横）ベクトルと B の j 列目の（縦）ベクトルの内積になっています．

行列の積に関しては，一般に交換法則は成り立ちませんが，結合法則

$$(AB)C = A(BC)$$

は成り立ちます．

Example 1.3.2

$(AB)^T = B^T A^T$ であることを示しなさい．

[Answer]

行列 A, B の (i,j) 要素を a_{ij}, b_{ij} とすると $(AB)^T$ の (i,j) 要素，いいかえれば AB の (j,i) 要素は

$$\sum_{l=1}^{n} a_{jl} b_{li} = \sum_{l=1}^{n} b_{li} a_{jl}$$

となります．ここで b_{li} は B^T の (i,l) 要素であり，a_{jl} は A^T の (l,j) 要素であるため，上式の右辺は $B^T A^T$ の (i,j) 要素になっています．以上から $(AB)^T = B^T A^T$ が成り立ちます．

1.4   部分行列

(m,n) 行列はその要素をつくる mn 個の数字の集まりですが，たとえば

$$A = \begin{bmatrix} A_{11} & A_{12} \\ A_{21} & A_{22} \end{bmatrix}$$

ただし

$$A_{11} = \begin{bmatrix} a_{11} & \cdots & a_{1r} \\ \vdots & \vdots & \vdots \\ a_{p1} & \cdots & a_{pr} \end{bmatrix}, \quad A_{12} = \begin{bmatrix} a_{1r+1} & \cdots & a_{1n} \\ \vdots & \vdots & \vdots \\ a_{pr+1} & \cdots & a_{pn} \end{bmatrix}$$

$$A_{21} = \begin{bmatrix} a_{p+11} & \cdots & a_{p+1r} \\ \vdots & \vdots & \vdots \\ a_{m1} & \cdots & a_{mr} \end{bmatrix}, \quad A_{22} = \begin{bmatrix} a_{p+1r+1} & \cdots & a_{p+1n} \\ \vdots & \vdots & \vdots \\ a_{mr+1} & \cdots & a_{mn} \end{bmatrix}$$

のように 4 つの小行列（**部分行列**）に分けることができます．さらにもっと多くの小行列に分けることもできます．同様に (n,k) 行列 B もいくつかの小行列の集まりとみなすことができます．このとき，各小行列間に積が定義できるような分割になっていれば，小行列をあたかも数字（行列の要素）とみなして行列の積が計算できます．たとえば A と B をそれぞれ 4 つの小行列に分けた場合に各小行列間に積が定義できれば，積 AB は

$$\begin{aligned} AB &= \begin{bmatrix} A_{11} & A_{12} \\ A_{21} & A_{22} \end{bmatrix} \begin{bmatrix} B_{11} & B_{12} \\ B_{21} & B_{22} \end{bmatrix} \\ &= \begin{bmatrix} A_{11}B_{11} + A_{12}B_{21} & A_{11}B_{12} + A_{12}B_{22} \\ A_{21}B_{11} + A_{22}B_{21} & A_{21}B_{12} + A_{22}B_{22} \end{bmatrix} \end{aligned} \tag{1.4.1}$$

から計算できます．ここで，それぞれの小行列の積や和は行列の積や和の定義にしたがって計算します．

Example 1.4.1

次の行列の積の計算を部分行列に分けて行いなさい．

[Answer]

$$A = \begin{bmatrix} 1 & 0 & 1 & 2 & 2 \\ 0 & 1 & 0 & 1 & 2 \\ 0 & 0 & 0 & 1 & 2 \\ 0 & 0 & 0 & 2 & 1 \\ 0 & 0 & 0 & 1 & 2 \end{bmatrix}, \quad B = \begin{bmatrix} 1 & 2 & 0 \\ 2 & 3 & 0 \\ 3 & 1 & 0 \\ 0 & 0 & 1 \\ 0 & 0 & 2 \end{bmatrix}$$

$$AB = \begin{bmatrix} A_{11}B_{11} + A_{12}[0] & A_{11}[0] + A_{12}B_{22} \\ [0]B_{11} + A_{22}[0] & [0][0] + A_{22}B_{22} \end{bmatrix} = \begin{bmatrix} 4 & 3 & 6 \\ 2 & 3 & 5 \\ 0 & 0 & 5 \\ 0 & 0 & 4 \\ 0 & 0 & 5 \end{bmatrix}$$

1.5　行列の階数その 2

　本節では 1.2 節を一般化します．ガウスの消去法にならい，行列 A に行基本変形を行ってまず 1 列目の第 2 要素以下をすべて 0 にし，次に 2 列目の第 3 要素以下をすべて 0 にするといった操作を繰り返し i 列まで進んだとします．ところが次の消去に進むとき図 1.5.1 に示すように，$i+1$ 列に注目したとき第 $i+1$ 要素から下の要素がすべて 0 になったとします．すなわち

$$a_{i+1\,j} = 0 \quad (i+1 \leq j \leq m)$$

になったとします．このような場合にはガウスの消去法の手続きは続けられなくなりますが，図 1.5.1 のように部分行列 B を，第 1 列目に 0 でない要素が少なくとも 1 つ現れる最初の行列として，B に対して A で行ったような変形を繰り返します．以下，同様にすれば最終的には図 1.5.2 のような形の行列になります．このような行列を**階段型行列**といいます．

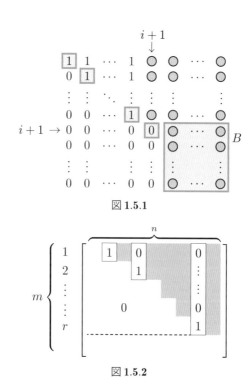

図 1.5.1

図 1.5.2

　この階段型行列の階段の数，すなわち図 1.5.2 の r のことを行列 A の階数ま
たはランクといいます．行基本変形の仕方によって得られる階段型行列は異な
りますが，ランクは一定であることが知られています．すなわち，ランクはあ
る行列に対して固有にそなわった数です．

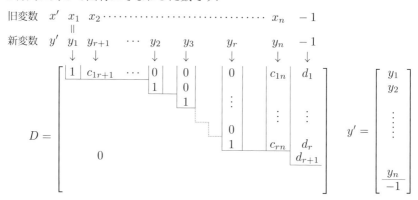

図 1.5.3

次に連立 1 次方程式

$$a_{11}x_1 + \cdots + a_{1n}x_n = b_1$$

$$\cdots$$

$$a_{m1}x_1 + \cdots + a_{mn}x_n = b_n$$

すなわち

$$A\vec{x} = \vec{b}, \quad \text{または } A'\vec{x}' = 0$$

$$A = \begin{bmatrix} a_{11} & a_{12} & \cdots & a_{1n} \\ a_{21} & a_{22} & \cdots & a_{2n} \\ \vdots & \vdots & \vdots & \vdots \\ a_{m1} & a_{m2} & \cdots & a_{mn} \end{bmatrix} \quad \vec{x} = \begin{bmatrix} x_1 \\ x_2 \\ \vdots \\ x_m \end{bmatrix} \quad \vec{b} = \begin{bmatrix} b_1 \\ b_2 \\ \vdots \\ b_m \end{bmatrix}$$

$$A' = \begin{bmatrix} a_{11} & a_{12} & \cdots & a_{1n} & b_1 \\ a_{21} & a_{22} & \cdots & a_{2n} & b_2 \\ \vdots & \vdots & \vdots & \vdots & \vdots \\ a_{m1} & a_{m2} & \cdots & a_{mn} & b_n \end{bmatrix} \quad \vec{x}' = \begin{bmatrix} x_1 \\ x_2 \\ \vdots \\ x_n \\ -1 \end{bmatrix}$$

を再度考えます．ここで行列 A のランクが r であるとすれば，行列 A' に行基本変形を施すと図 1.5.3 に示すように見かけ上ランクが $r+1$ の階段型行列になります．ここでわかりやすくするため図 1.5.3 に示すように未知数の名前を x から y につけかえると

$$\begin{bmatrix} c_{11} & c_{12} & \cdots & c_{1r} & d_{1r+1} & \cdots & d_{in} & e_1 \\ 0 & c_{22} & \cdots & c_{2r} & d_{2r+1} & \cdots & d_{2n} & e_2 \\ \vdots & \vdots & \vdots & \vdots & \vdots & \vdots & \vdots & \vdots \\ 0 & 0 & \cdots & c_{rr} & d_{rr+1} & \cdots & d_{rn} & e_r \\ 0 & 0 & \cdots & 0 & 0 & \cdots & 0 & e_{r+1} \\ 0 & 0 & \cdots & 0 & 0 & \cdots & 0 & 0 \\ \vdots & \vdots & \vdots & \vdots & \vdots & \vdots & \vdots & \vdots \\ 0 & 0 & \cdots & 0 & 0 & \cdots & 0 & 0 \end{bmatrix} \begin{bmatrix} y_1 \\ y_2 \\ \vdots \\ y_r \\ y_{r+1} \\ \vdots \\ y_n \\ -1 \end{bmatrix} = 0$$

$$(1.5.1)$$

という方程式になります．ただし，$c_{11} \neq 0, \cdots, c_{rr} \neq 0$ です．もちろんこの方程式の解は，未知数の名前を y から x に戻せば，もとの連立方程式の解に

なります.

式(1.5.1) において $e_{r+1} \neq 0$ になったとします. このとき, 行列の掛け算を実行すると $r+1$ 番目の等式は $-e_{r+1} = 0$ という意味のない式になります. したがって, この場合にはもとの方程式は解をもたないことがわかります. 一方, $e_{r+1} = 0$ の場合には A' のランクは r であり, 連立方程式は

$$
\begin{bmatrix}
c_{11} & c_{12} & \cdots & c_{1r} & d_{1r+1} & \cdots & d_{1n} & e_1 \\
0 & c_{22} & \cdots & c_{2r} & d_{2r+1} & \cdots & d_{2n} & e_2 \\
\vdots & \vdots & \vdots & \vdots & \vdots & \vdots & \vdots & \vdots \\
0 & 0 & \cdots & c_{rr} & d_{rr+1} & \cdots & d_{rn} & e_r \\
0 & 0 & \cdots & 0 & 0 & \cdots & 0 & 0 \\
0 & 0 & \cdots & 0 & 0 & \cdots & 0 & 0 \\
\vdots & \vdots & \vdots & \vdots & \vdots & \vdots & \vdots & \vdots \\
0 & 0 & \cdots & 0 & 0 & \cdots & 0 & 0
\end{bmatrix}
\begin{bmatrix}
y_1 \\
y_2 \\
\vdots \\
y_r \\
y_{r+1} \\
\vdots \\
y_n \\
-1
\end{bmatrix}
= 0
$$

$$(1.5.2)$$

となります. この場合, $y_{r+1}, \cdots, y_n$ がどのような値をとっても $r+1$ 番目から n 番目の方程式が成立します. そこで α_{r+1}, α_n を任意の数として

$$y_{r+1} = \alpha_{r+1}, \quad \cdots, \quad y_n = \alpha_n$$

という解が得られます. 一方, 1 番目から r 番目の式は

$$c_{11}y_1 + c_{12}y_2 + \cdots + c_{1r}y_r + d_{1r+1}\alpha_{r+1} + \cdots + d_{1n}\alpha_n - e_1 = 0$$

$$c_{22}y_2 + \cdots + c_{2r}y_r + d_{2r+1}\alpha_{r+1} + \cdots + d_{2n}\alpha_n - e_2 = 0$$

$$\cdots$$

$$c_{rr}y_r + d_{rr+1}\alpha_{r+1} + \cdots + d_{rn}\alpha_{rn} - e_r = 0$$

を意味しています. したがって, もとの連立 1 次方程式の解は

$$y_n = \alpha_n$$

$$\cdots$$

$$y_{r+1} = \alpha_{r+1}$$

$$y_r = (1/c_{rr})(e_r - (d_{rr+1}\alpha_r + \cdots + d_{rn}\alpha_n))$$

$$y_{r-1} = (1/c_{r-1r-1})(e_{r-1} - (c_{rr}y_r + d_{rr+1}\alpha_r + \cdots + d_{rn}\alpha_n))$$

$$\cdots$$

$$y_1 = (1/c_{11})(e_1 - (c_{12}y_2 + \cdots + c_{1r}y_r + d_{rr+1}\alpha_r + \cdots + d_{rn}\alpha_n))$$

となります．ここで $n-r$ 個の任意定数が現れましたがこの $n-r$ を 1.2 節でも述べたように解の自由度といいます．そして $n=r$ であれば任意定数が現れませんが，そのとき解は一意に定まります．

以上をまとめると次のようになります．

連立 1 次方程式が解をもつためには行列 A と**拡大行列** A' のランクが等しくなければならない．またそのとき方程式の数とランクが一致すれば解は一意に定まる

1.6　正方行列と特殊な行列

1.1 節でも述べましたが行の数と列の数が等しい行列を**正方行列**とよびます．本節では正方行列のみを対象とします．行列 A の対角線にあたる要素の和をその行列の**トレース**（trace）とよび，$\mathrm{Tr}A$ と記します．すなわち，

$$\mathrm{Tr}A = \sum_{i=1}^{n} a_{ii} \tag{1.6.1}$$

となります．

行列のすべての要素が 0 の行列を **0 行列**とよびます．ある行列と 0 行列の積は 0 行列になります．その意味で 0 行列は数字の 0 と似ています．ただし，たとえば

$$A = \begin{bmatrix} 1 & 1 \\ 1 & 1 \end{bmatrix}, \ B = \begin{bmatrix} 1 & -2 \\ -1 & 2 \end{bmatrix}$$

$$AB = \begin{bmatrix} 1-1 & -2+2 \\ 1-1 & -2+2 \end{bmatrix} = \begin{bmatrix} 0 & 0 \\ 0 & 0 \end{bmatrix}$$

のように,

> **Point**
>
> $AB = 0$ であっても A または B が 0 行列と限らない

ことに注意が必要です.

次に,数字の 1 と似た役割を果たす行列に正方行列の対角線要素が 0 でその他の要素が 1 の行列

$$I = \begin{bmatrix} 1 & 0 & \cdots & 0 \\ 0 & 1 & \cdots & 0 \\ \vdots & \vdots & \vdots & \vdots \\ 0 & 0 & \cdots & 1 \end{bmatrix} \tag{1.6.2}$$

があります.この行列を**単位行列**とよび,上のように I(または E)で表します.実際,行列の積を実行してみれば,掛ける前後で行列は変わらないことを確かめることができます.すなわち,次式が成り立ちます.

$$AI = IA = A \tag{1.6.3}$$

0 行列と単位行列を特殊な場合として含むもう少し一般的な行列に,α を定数として

$$\alpha I = \begin{bmatrix} \alpha & 0 & \cdots & 0 \\ 0 & \alpha & \cdots & 0 \\ \vdots & \vdots & \vdots & \vdots \\ 0 & 0 & \cdots & \alpha \end{bmatrix} \tag{1.6.4}$$

という形の行列があります.この形の行列を**スカラー行列**とよびます.スカラー行列は任意の正方行列と交換可能です.

そのほか，特殊な形をした正方行列で特別な役割を果たす行列に

$$
H = \begin{bmatrix} 1 & \cdots & 0 & \cdots & 0 \\ \vdots & \vdots & \vdots & \vdots & \vdots \\ 0 & \cdots & \alpha & \cdots & 0 \\ \vdots & \vdots & \vdots & \vdots & \vdots \\ 0 & \cdots & 0 & \cdots & 1 \end{bmatrix} \cdots i \tag{1.6.5}
$$

$$
P = \begin{bmatrix} 1 & \cdots & 0 & \cdots & 0 & \cdots & 0 \\ \vdots & \vdots & \vdots & \vdots & \vdots & \vdots & \vdots \\ 0 & \cdots & 0 & \cdots & 1 & \cdots & 0 \\ \vdots & \vdots & \vdots & \vdots & \vdots & \vdots & \vdots \\ 0 & \cdots & 1 & \cdots & 0 & \cdots & 0 \\ \vdots & \vdots & \vdots & \vdots & \vdots & \vdots & \vdots \\ 0 & \cdots & 0 & \cdots & 0 & \cdots & 1 \end{bmatrix} \begin{array}{l} \\ \\ \cdots i \\ \\ \cdots k \\ \\ \end{array} \tag{1.6.6}
$$

$$
G = \begin{bmatrix} 1 & \cdots & 0 & \cdots & 0 & \cdots & 0 \\ \vdots & \vdots & \vdots & \vdots & \vdots & \vdots & \vdots \\ 0 & \cdots & 1 & \cdots & 0 & \cdots & 0 \\ \vdots & \vdots & \vdots & \vdots & \vdots & \vdots & \vdots \\ 0 & \cdots & \alpha & \cdots & 1 & \cdots & 0 \\ \vdots & \vdots & \vdots & \vdots & \vdots & \vdots & \vdots \\ 0 & \cdots & 0 & \cdots & 0 & \cdots & 1 \end{bmatrix} \begin{array}{l} \\ \\ \cdots i \\ \\ \cdots k \\ \\ \end{array} \tag{1.6.7}
$$

があります．これらの行列を正方行列 A に左からかけると，HA は行列 A の i 行だけを α 倍した行列，PA は行列 A の i 行と k 行を入れ替えた行列，また GA は行列 A の k 行を α 倍したものを i 行に加えた行列になることがわかります．すなわち，H, P, G を左から掛けることは行基本変形に対応しています．

また，よく現れる行列に

$$
D = \begin{bmatrix} d_{11} & 0 & \cdots & 0 \\ 0 & d_{22} & \cdots & 0 \\ \vdots & \vdots & \vdots & \vdots \\ 0 & 0 & \cdots & d_{nn} \end{bmatrix}, \ U = \begin{bmatrix} u_{11} & u_{12} & \cdots & u_{1n} \\ 0 & u_{22} & \cdots & u_{2n} \\ \vdots & \vdots & \vdots & \vdots \\ 0 & 0 & \cdots & u_{nn} \end{bmatrix},
$$

$$
L = \begin{bmatrix} l_{11} & 0 & \cdots & 0 \\ l_{21} & l_{22} & \cdots & 0 \\ \vdots & \vdots & \vdots & \vdots \\ l_{n1} & l_{n2} & \cdots & l_{nn} \end{bmatrix} \tag{1.6.8}
$$

があり，D は **対角行列**，U は **上三角行列**，L は **下三角行列** とよばれています.

　正方行列で $a_{ij} = a_{ji} \ (i \neq j)$ が成り立つ行列，すなわち対角線に対して係数が対称な行列を **対称行列** といいます. この定義から対称行列の転置行列はもとの行列と同じです. すなわち，対称行列 A に対して $A = A^T$ が成り立ちます.

1.7　逆行列

　2つの正方行列 A, B に対して

$$AB = I$$

が成り立つとき，この式を満足する行列 B を A の逆行列とよび，A^{-1} と記します. 逆行列が存在するならば

$$(A^{-1})^{-1} = A, \ \ A^{-1}A = I \tag{1.7.1}$$

が成り立ちます.

Example 1.7.1

(1)　$(A^{-1})^{-1} = A$，　(2)　$A^{-1}A = I$，　(3)　$(AB)^{-1} = B^{-1}A^{-1}$

を示しなさい.

[Answer]

(1) $AA^{-1} = I \to (AA^{-1})(A^{-1})^{-1} = I(A^{-1})^{-1}$

より

$$A(A^{-1}(A^{-1})^{-1}) = I(A^{-1})^{-1} \to \quad AI = (A^{-1})^{-1} \to \quad (A^{-1})^{-1} = A$$

(2) $A = (A^{-1})^{-1} \to \quad A^{-1}A = A^{-1}(A^{-1})^{-1} = I$

(3) $(AB)^{-1}(AB) = I$, また $B^{-1}A^{-1}(AB) = B^{-1}IB = B^{-1}B = I$

　逆行列は常に存在するとは限りません．逆行列が存在するような行列を正則行列とよんでいます．以下，正則行列に対して，逆行列の求め方のひとつについて説明します．

$$A = \begin{bmatrix} a_{11} & a_{12} & \cdots & a_{1n} \\ a_{21} & a_{22} & \cdots & a_{2n} \\ \vdots & \vdots & \vdots & \vdots \\ a_{n1} & a_{n2} & \cdots & a_{nn} \end{bmatrix}$$

の逆行列を求めるには，

$$\bar{A} = \begin{bmatrix} a_{11} & a_{12} & \cdots & a_{1n} & 1 & 0 & \cdots & 0 \\ a_{21} & a_{22} & \cdots & a_{2n} & 0 & 1 & \cdots & 0 \\ \vdots & \vdots & \vdots & \vdots & \vdots & \vdots & \vdots & \vdots \\ a_{n1} & a_{n2} & \cdots & a_{nn} & 0 & 0 & \cdots & 1 \end{bmatrix}$$

という $(n, 2n)$ 行列を導入し，この行列に（行）基本変形すなわち

　1. ある行を何倍か（0 倍は除く）する

　2. ある行から別の行を何倍かしたものを加減する

　3. 行を入れ換える

を行って

$$\bar{A}' = \begin{bmatrix} 1 & 0 & \cdots & 0 & b_{11} & b_{12} & \cdots & b_{1n} \\ 0 & 1 & \cdots & 0 & b_{21} & b_{22} & \cdots & b_{2n} \\ \vdots & \vdots & \vdots & \vdots & \vdots & \vdots & \vdots & \vdots \\ 0 & 0 & \cdots & 1 & b_{n1} & b_{n2} & \cdots & b_{nn} \end{bmatrix}$$

という形の行列に変形します．結果として得られた行列の右半分の (n,n) 行列がもとの行列の逆行列になっています．理由は以下のとおりです．

$$\vec{b_1} = (1,0,\cdots,0)^T, \vec{b_2} = (0,1,\cdots,0)^T, \cdots, \vec{b_n} = (0,0,\cdots,1)^T$$

として，n 組の連立 1 次方程式

$$A\vec{x_i} = \vec{b_i} \quad (i = 1 \sim n)$$

を解きます．この解を用いて，行列 $B = [\vec{x_1}\,\vec{x_2}\cdots\vec{x_n}]$ を作ると $AB = I$ となります．そして，これらの方程式をまとめて掃き出し法で解く手順がちょうど上の方法になっています．

このことから，逆行列をもたない行列とは，基本変形によって上の形にできない行列であるといえます．

いったん A の逆行列が求まれば，連立 1 次方程式

$$A\vec{x} = \vec{b}$$

の解は，

$$\vec{x} = A^{-1}\vec{b}$$

から，行列とベクトルの積で計算できます．

1. 次の行列の階数を求めなさい.

   (a) $\begin{bmatrix} 1 & 1 & 2 & 5 \\ 0 & 1 & 1 & 2 \\ 1 & 3 & 4 & 9 \end{bmatrix}$ (b) $\begin{bmatrix} 2 & -3 & 4 & -1 \\ 1 & 5 & -2 & 3 \\ 4 & 7 & 1 & 5 \end{bmatrix}$

2. 次の連立1次方程式が解をもつための条件，およびそのときの解を求めなさい.

   $$2x + 3y + 4z = a$$
   $$3x + 4y + 5z = b$$
   $$4x + 5y + 6z = c$$

3. 次の計算を行いなさい.

   (a) $2\begin{bmatrix} 1 & 2 \\ -3 & 1 \end{bmatrix}\begin{bmatrix} 1 & 3 \\ -1 & 4 \end{bmatrix} - 3\begin{bmatrix} 2 & -1 \\ 1 & 3 \end{bmatrix}\begin{bmatrix} 4 & 5 \\ -1 & -2 \end{bmatrix}$

   (b) $\begin{bmatrix} 1 & 2 & 3 \\ 0 & 1 & 2 \end{bmatrix}\begin{bmatrix} 1 & 0 \\ 2 & 4 \\ 3 & 1 \end{bmatrix}$

   (c) $\begin{bmatrix} 1 & 0 \\ 2 & 4 \\ 3 & 1 \end{bmatrix}\begin{bmatrix} 1 & 2 & 3 \\ 0 & 1 & 2 \end{bmatrix}$

4. 正方行列 A の対角要素の和 $\mathrm{Tr}A$ に対し, A, B を n 次の正方行列とした場合, 次式が成り立つことを示しなさい.

   (a) $\mathrm{Tr}(A+B) = \mathrm{Tr}(A) + \mathrm{Tr}(B)$

   (b) $\mathrm{Tr}(AB) = \mathrm{Tr}(BA)$

5. n を正の整数としたとき次式を計算を行いなさい.

$$\begin{bmatrix} 0 & 0 & 0 & 0 \\ a & 0 & 0 & 0 \\ 0 & a & 0 & 0 \\ 0 & 0 & a & 0 \end{bmatrix}^{n}$$

6. 次の行列の逆行列を求めなさい.

(a) $\begin{bmatrix} 2 & 0 & 1 \\ 0 & 3 & 5 \\ 1 & -1 & 0 \end{bmatrix}$ 　(b) $\begin{bmatrix} a & d & e \\ 0 & b & f \\ 0 & 0 & c \end{bmatrix} (abc \neq 0)$

7. $A^2 - A + I = 0$ のとき A は正則行列で, $I - A$ は A の逆行列であることを示しなさい.

Chapter 2

行　列　式

2.1　行列式の定義

$n \times n$ の行列式(n 次行列式)

$$A = \begin{vmatrix} a_{11} & a_{12} & \cdots & a_{1n} \\ a_{21} & a_{22} & \cdots & a_{2n} \\ \vdots & \vdots & \vdots & \vdots \\ a_{n1} & a_{n2} & \cdots & a_{nn} \end{vmatrix} \tag{2.1.1}$$

は以下のように定義されます．まず，1 列目から任意に 1 つ要素を選びます．それを i 行目として a_{i1} とします．選び方は n とおりあります．次に 2 列目から先ほど選んだ i 行以外の要素を選びます．それを a_{j2} とします．この場合の選び方は $n-1$ とおりです．同様に 3 列目から i, j 行以外の要素を選ぶといったことを n 列まで繰り返します．このように選んだ要素の積は $a_{i1}a_{j2}\cdots a_{kn}$ となり，全部で $n \times (n-1) \times \cdots \times 1 = n!$ 個ありますが，それにある規則にしたがって $\pm$ の符号をつけた上ですべてを足し合わせたもの，すなわち $n!$ 個の和

$$S = \sum \sigma(i, j, \cdots, k)a_{i1}a_{j2}\cdots a_{kn} \tag{2.1.2}$$

を行列式の値と定義します．ここで $\sigma(i, j, \cdots, k)$ は $+1$ または -1 であり以下の規則で符号を決めます．すなわち，式(2.1.2) の σ にも明示されていますが，各要素の 1 番目の添え字だけから作った数列 $ij \cdots k$ に着目して，これをたとえば ij を ji というように隣どおしの交換を何回も行って $12 \cdots n$ に並べ替えます．このときの交換回数が偶数の場合に $+1$,奇数の場合に -1 とします．なお，$ij \cdots k$ を $12 \cdots n$ に交換する方法は何通りもありますが，それが偶数回であるか奇数回であるか（**偶奇性**）は交換の仕方によらないことが知られています（差積という式を用いて証明します）．

　行列式は上記の定義の「行」と「列」を入れ替えても定義できます．すなわち，p 行目から要素 a_{1p} を選び，次に 2 行目から p 列以外の要素 a_{2q} を選ぶといったことを繰り返し

$$S = \sum \sigma(p, q, \cdots, r) a_{1p} a_{2q} \cdots a_{nr} \qquad (2.1.3)$$

のように和とっても定義できます．ここで $\sigma(p, q, \cdots, r)$ は $+1$ または -1 であり，2 番目の添え字だけから作った数列 $pq \cdots r$ に着目して，これを隣どおしの交換によって $12 \cdots n$ にするときの交換数の偶奇性より正負を決めます．式 (2.1.2) と式 (2.1.3) は項の数は同じ $n!$ 個あり，しかも $\sigma(\cdots)$ の正負の決め方も同じ規則に従うので行列式の値は同じになります（項の並び方は異なります）．

Example 2.1.1

---

　3 次行列式で式 (2.1.2) と式 (2.1.3) が等しいことを確かめなさい．

[Answer]

$$\begin{vmatrix} a_{11} & a_{12} & a_{13} \\ a_{21} & a_{22} & a_{23} \\ a_{31} & a_{32} & a_{33} \end{vmatrix} = \sigma(1,2,3)a_{11}a_{22}a_{33} + \sigma(1,3,2)a_{11}a_{32}a_{23} + \sigma(2,1,3)a_{21}a_{12}a_{33}$$

$$+ \sigma(2,3,1)a_{21}a_{32}a_{13} + \sigma(3,1,2)a_{31}a_{12}a_{23} + \sigma(3,2,1)a_{31}a_{22}a_{13}$$

$$= a_{11}a_{22}a_{33} - a_{11}a_{32}a_{23} - a_{21}a_{12}a_{33} + a_{21}a_{32}a_{13} + a_{31}a_{12}a_{23} - a_{31}a_{22}a_{13}$$

$$\begin{vmatrix} a_{11} & a_{21} & a_{31} \\ a_{12} & a_{22} & a_{32} \\ a_{13} & a_{23} & a_{33} \end{vmatrix} = \sigma(1,2,3)a_{11}a_{22}a_{33} + \sigma(1,3,2)a_{11}a_{23}a_{32} + \sigma(2,1,3)a_{12}a_{21}a_{33}$$

$$+ \sigma(2,3,1)a_{12}a_{23}a_{31} + \sigma(3,1,2)a_{13}a_{21}a_{32} + \sigma(3,2,1)a_{13}a_{22}a_{31}$$

$$= a_{11}a_{22}a_{33} - a_{11}a_{23}a_{32} - a_{12}a_{21}a_{33} + a_{12}a_{23}a_{31} + a_{13}a_{21}a_{32} - a_{13}a_{22}a_{31}$$

2.2 行列式の性質

まず，式(2.1.3) は行列式

$$
A = \begin{vmatrix}
a_{11} & a_{21} & \cdots & a_{n1} \\
a_{12} & a_{22} & \cdots & a_{n2} \\
\vdots & \vdots & \vdots & \vdots \\
a_{1n} & a_{2n} & \cdots & a_{nn}
\end{vmatrix} \tag{2.2.1}
$$

を式(2.1.2) の形で表したものと考えられます（σ をつくるとき第2添え字を選びます）．このことから

（a）行列式の行と列と入れ替えても値は変化しない

ことがわかります．いいかえればある正方行列に対応する行列式と転置行列に対応する行列式の値は等しくなります．

α と β を定数としたとき，行列式には**線形性**とよばれる次の性質があります．

$$
\begin{vmatrix}
a_{11} & \cdots & \alpha a_{1j} + \beta b_{1j} & \cdots & a_{1n} \\
\vdots & \vdots & \vdots & \vdots & \vdots \\
a_{n1} & \cdots & \alpha a_{nj} + \beta b_{nj} & \cdots & a_{nn}
\end{vmatrix}
$$

$$
= \alpha \begin{vmatrix}
a_{11} & \cdots & a_{1j} & \cdots & a_{1n} \\
\vdots & \vdots & \vdots & \vdots & \vdots \\
a_{n1} & \cdots & a_{nj} & \cdots & a_{nn}
\end{vmatrix} + \beta \begin{vmatrix}
a_{11} & \cdots & b_{1j} & \cdots & a_{1n} \\
\vdots & \vdots & \vdots & \vdots & \vdots \\
a_{n1} & \cdots & b_{nj} & \cdots & a_{nn}
\end{vmatrix} \tag{2.2.2}
$$

このことは定義式(2.1.2) を用いれば次のように証明できます．

$$
\begin{aligned}
左辺 &= \sum \sigma(p \cdots s \cdots r) a_{1p} \cdots (\alpha a_{is} + \beta b_{is}) \cdots a_{nr} \\
&= \sum \sigma(p \cdots s \cdots r) a_{1p} \cdots \alpha a_{is} \cdots a_{nr} \\
&\quad + \sum \sigma(p \cdots s \cdots r) a_{1p} \cdots \beta b_{is} \cdots a_{nr} \\
&= \alpha \sum \sigma(p \cdots s \cdots r) a_{1p} \cdots a_{is} \cdots a_{nr} \\
&\quad + \beta \sum \sigma(p \cdots s \cdots r) a_{1p} \cdots b_{is} \cdots a_{nr} = 右辺
\end{aligned}
$$

特に $\beta = 0$ とすれば

$$
\begin{vmatrix}
a_{11} & \cdots & \alpha a_{1j} & \cdots & a_{1n} \\
\vdots & \vdots & \vdots & \vdots & \vdots \\
a_{n1} & \cdots & \alpha a_{nj} & \cdots & a_{nn}
\end{vmatrix}
= \alpha
\begin{vmatrix}
a_{11} & \cdots & a_{1j} & \cdots & a_{1n} \\
\vdots & \vdots & \vdots & \vdots & \vdots \\
a_{n1} & \cdots & a_{nj} & \cdots & a_{nn}
\end{vmatrix}
$$

$$(2.2.3)$$

であるため

（b）行列式のある列（の要素のそれぞれ）を α 倍すれば行列式の値は α 倍に
　　なる

ことがわかります．性質（a）より行列式では行と列を入れ替えてもよいので

（b′）行列式のある行（の要素のそれぞれ）を α 倍すれば行列式の値は α 倍に
　　なる

こともわかります．

　次に行列式の2つの列を入れ替えるとどうなるかを考えてみます．

　いま，i 列と j 列 $(i < j)$ を入れ替えるとします．定義から総和の中の $\sigma(\cdots)$ は隣どうしの要素を1回入れ替えると符号が反転します．そこで $(\cdots a_{ir} \cdots a_{js} \cdots)$ を $(\cdots a_{js} \cdots a_{ir} \cdots)$ にするために隣どおしの入れ替えが何回必要か数えてみます．ただし，最終的に入れ替えが終わった段階において，上記の $\cdots$ で示した要素は変化していない（2番目の添え字は，はじめの状態である）必要があります．このような入れ替えを行うために，a_{js} をすぐ左にある要素と順に入れ替え，隣にくる（すなわち $a_{ir}a_{js}$ になる）まで続けます．さらに1回入れ替えして $a_{js}a_{ir}$ とし，さきほどの入れ替えを逆にたどれば，もと a_{js} があった位置に a_{ir} を戻すことができ，$[\cdots]$ の部分は変化しません．すなわち（往復回数＋1回 ＝ 奇数回）の入れ替えになるため $\sigma(\cdots)$ の符号が逆になります．したがって，入れ替え前の行列式を $|A|$，入れ替え後の行列式を $|A'|$ とすれば，$|A| = -|A'|$ となります．これは性質（a′）から行についても成り立ちます．以上まとめれば次のようになります．

（c）行列式の2つ列に着目し，それらを入れ替えると行列式の符号が反転する．
（c′）行列式の2つ行に着目し，それらを入れ替えると行列式の符号が反転する．

　この性質から，ある行列式で2つの行（列）が同一であれば行列式の値は0になります．なぜなら値が同一の行を入れ替えても行列式は変わらないので，

このような行列に対して性質（ｃ）は $|A| = -|A|$ となり，$|A| = 0$ であること
がわかります．すなわち

（ｄ）　2つの列が同一である行列式は **0** である．

（ｄ'）　2つの行が同一である行列式は **0** である．

　さらにこのことと性質（ｂ）（線形性）から

（ｅ）行列式のある列を定数倍して他の列に加えても行列式の値は変化しない．

（ｅ'）行列式のある行を定数倍して他の行に加えても行列式の値は変化しない．

こともわかります．なぜなら，線形性から

$$
\begin{vmatrix}
a_{11} & \cdots & a_{1j}+\alpha a_{1k} & \cdots & a_{1n} \\
\vdots & \vdots & \vdots & & \vdots \\
a_{n1} & \cdots & a_{nj}+\alpha a_{nj} & \cdots & a_{nn}
\end{vmatrix}
$$

$$
=
\begin{vmatrix}
a_{11} & \cdots & a_{1j} & \cdots & a_{1n} \\
\vdots & \vdots & \vdots & \vdots & \vdots \\
a_{n1} & \cdots & a_{nj} & \cdots & a_{nn}
\end{vmatrix}
+\alpha
\begin{vmatrix}
a_{11} & \cdots & a_{1k} & \cdots & a_{1k} & \cdots & a_{1n} \\
\vdots & \vdots & \vdots & \vdots & \vdots \\
a_{n1} & \cdots & a_{nk} & \cdots & a_{nk} & \cdots & a_{nn}
\end{vmatrix}
$$

ですが，右辺第2項は性質（ｅ）から 0 になるからです．

2.3　行列式の展開

　n 次行列式 $|A|$ は第1列の要素を用いて次式のように n 個の $n-1$ 次行列式
の和で表せます．

$$
|A| =
\begin{vmatrix}
a_{11} & a_{12} & \cdots & a_{1n} \\
a_{21} & a_{22} & \cdots & a_{2n} \\
\vdots & \vdots & \vdots & \vdots \\
a_{n1} & a_{n2} & \cdots & a_{nn}
\end{vmatrix}
= a_{11}
\begin{vmatrix}
a_{22} & \cdots & a_{2n} \\
a_{32} & \cdots & a_{3n} \\
\vdots & \vdots & \vdots \\
a_{n2} & \cdots & a_{nn}
\end{vmatrix}
$$

$$
- a_{21}
\begin{vmatrix}
a_{12} & \cdots & a_{1n} \\
a_{32} & \cdots & a_{3n} \\
\vdots & \vdots & \vdots \\
a_{n2} & \cdots & a_{nn}
\end{vmatrix}
+ \cdots + (-1)^{n+1} a_{n1}
\begin{vmatrix}
a_{12} & \cdots & a_{1n} \\
a_{22} & \cdots & a_{2n} \\
\vdots & \vdots & \vdots \\
a_{n-12} & \cdots & a_{n-1n}
\end{vmatrix}
$$

$$(2.3.1)$$

このことを示す前に定義式 (2.1.2) に現われる $\sigma(\cdots)$ の意味を思い出します. これは n 個の数字の並び $i, j, \cdots, k$ を $1, 2, \cdots, n$ にするための, 隣どおしの数の交換回数を数えて, それが偶数のとき $+1$ 奇数のとき -1 と定義しました. なお, 交換の方法は何通りもありますが, 前にも注意しましたがこの偶奇性は方法にはよりません.

　さて式 (2.1.2) に示した n 次の行列式の計算では $(i, j, \cdots, k)$ の $n!$ とおりの順列について和をとります. この和を $(1, j, \cdots, k)$ についての $(n-1)!$ とおりの和, $(i, 1, \cdots, k)$ についての $(n-1)!$ とおりの和, ・・・, $(i, j, \cdots, 1)$ についての $(n-1)!$ とおりの和に分けて考えることにします (1 と明示した項以外は $2 \sim n$ になるため, これらは重複していません). すなわち, $s = 1, 2, \cdots, n$ として $(i, j, \cdots, k)$ の s 番目の数字を 1 に固定して和をとります. このとき

$$|A| = \sum \sigma(i, j, \cdots, k) a_{i1} a_{j2} \cdots a_{kn} = \sum \sigma(1, j, \cdots, k) a_{11} a_{j2} \cdots a_{kn}$$
$$+ \sum \sigma(i, 1, \cdots, k) a_{i1} a_{12} \cdots a_{kn} + \cdots + \sum \sigma(i, j, \cdots, 1) a_{i1} a_{j2} \cdots a_{1n}$$

となります. 右辺 s 番目の総和に現われる $\sigma(\cdots, s-1, 1, s+1, \cdots)$ を $\sigma(1, i, \cdots, n)$ にする場合, 1 は必ず他の数字と交換されるため, $s-1$ 回の交換が必要です. そこでこの交換における偶奇性を σ_s と書くことにすると, もとの偶奇性 σ との間には

$$\sigma_s = (-1)^{s-1} \sigma$$

という関係があります. したがって,

$$\sigma a_{1i} \cdots a_{s-1j} a_{s1} a_{s+1m} \cdots a_{nk} = a_{s1} (-1)^{s-1} \sigma_s a_{1i} \cdots a_{s-1j} a_{s+1m} \cdots a_{nk}$$

となりますが, この式の両辺を a の第 2 添え字に対応する $n-1$ 個の数がつくる順列すべてについて総和をとれば, 右辺は (n 次行列式から第 1 列と第 s 行を除いてつくった) $n-1$ 次行列に $(-1)^{s-1} a_{s1}$ を乗じたものになります. また左辺は式 (2.3.2) の右辺の総和の項の s 番目になります. そこで $s = 1, 2, \cdots, n$ についてもう一度和をとれば, 式 (2.3.1) が得られます.

　行列式では行と列を入れ替えても値は変化しないため, 式 (2.3.1) を

$$|A| = \begin{vmatrix} a_{11} & a_{12} & \cdots & a_{1n} \\ a_{21} & a_{22} & \cdots & a_{2n} \\ \vdots & \vdots & \vdots & \vdots \\ a_{n1} & a_{n2} & \cdots & a_{nn} \end{vmatrix} = a_{11} \begin{vmatrix} a_{22} & a_{23} & \cdots & a_{2n} \\ \vdots & \vdots & \vdots & \vdots \\ a_{n2} & a_{n3} & \cdots & a_{nn} \end{vmatrix}$$

$$-a_{12} \begin{vmatrix} a_{21} & a_{23} & \cdots & a_{2n} \\ \vdots & \vdots & \vdots & \vdots \\ a_{n1} & a_{n3} & \cdots & a_{nn} \end{vmatrix} + \cdots + (-1)^{(n+1)} a_{1n} \begin{vmatrix} a_{21} & a_{22} & \cdots & a_{2n-1} \\ \vdots & \vdots & \vdots & \vdots \\ a_{n1} & a_{n2} & \cdots & a_{nn-1} \end{vmatrix}$$

$$(2.3.2)$$

と書くこともできます．式(2.3.1)を行列式を第1列について展開する，式(2.3.2)を第1行について展開するといいます（**行列式の展開**）．これらの式から n 次行列式は n 個の $n-1$ 次行列式で表されることになりますが，同様に $n-1$ 次の行列式は $n-1$ 個の $n-2$ 次の行列式の和となるため，n 次行列式は $n(n-1)$ 個の $n-1$ 次行列式の和になります．この手順を続ければ，n 次行列式は $n(n-1) \cdots 2 \cdot 1$ 個の 1 次行列式（＝ひとつの数）の和となるため，合計 $n!$ の項をもち，各項は n 個の要素の積になることが確かめられます．

前節で述べた行列式の性質（c）を用いて行または列の順番を入れ替えて j 行を1行に移動させることにより，行列式は任意の列または行について展開できます．たとえば，$|A|$ を j 列目について展開すれば

$$|A| = \begin{vmatrix} a_{11} & a_{12} & \cdots & a_{1n} \\ a_{21} & a_{22} & \cdots & a_{2n} \\ \vdots & \vdots & \vdots & \vdots \\ a_{n1} & a_{n2} & \cdots & a_{nn} \end{vmatrix}$$

$$= (-1)^{j-1} a_{1j} \begin{vmatrix} a_{21} & \cdots & a_{2j-1} & a_{2j+1} & \cdots & a_{2n} \\ a_{31} & \cdots & a_{3j-1} & a_{3j+1} & \cdots & a_{3n} \\ \vdots & \vdots & \vdots & \vdots & \vdots & \vdots \\ a_{n1} & \cdots & a_{nj-1} & a_{nj+1} & \cdots & a_{nn} \end{vmatrix}$$

$$-(-1)^{j-1} a_{2j} \begin{vmatrix} a_{11} & \cdots & a_{1j-1} & a_{1j+1} & \cdots & a_{1n} \\ a_{31} & \cdots & a_{3j-1} & a_{3j+1} & \cdots & a_{3n} \\ \vdots & \vdots & \vdots & \vdots & \vdots & \vdots \\ a_{n1} & \cdots & a_{nj-1} & a_{nj+1} & \cdots & a_{nn} \end{vmatrix}$$

$$+\cdots+(-1)^{j+n}a_{nj}\begin{vmatrix} a_{11} & \cdots & a_{1j-1} & a_{1j+1} & \cdots & a_{1n} \\ a_{21} & \cdots & a_{2j-1} & a_{2j+1} & \cdots & a_{2n} \\ \vdots & \vdots & \vdots & \vdots & \vdots & \vdots \\ a_{n-11} & \cdots & a_{n-1j-1} & a_{n-1j+1} & \cdots & a_{n-1n} \end{vmatrix}$$

(2.3.3)

となります．これは $1,2,\cdots,j$ を $j,1,\cdots,j-1$ にする交換回数が $j-1$ 回である（すなわち，$(-1)^{j-1}$ を掛ける）ことから明らかです．同様に k 行目について展開すると

$$|A| = \begin{vmatrix} a_{11} & a_{12} & \cdots & a_{1n} \\ a_{21} & a_{22} & \cdots & a_{2n} \\ \vdots & \vdots & \vdots & \vdots \\ a_{n1} & a_{n2} & \cdots & a_{nn} \end{vmatrix}$$

$$= (-1)^{k-1}a_{k1}\begin{vmatrix} a_{12} & a_{13} & \cdots & a_{1n} \\ \vdots & \vdots & \vdots & \vdots \\ a_{k-12} & a_{k-13} & \cdots & a_{k-1n} \\ a_{k+12} & a_{k+13} & \cdots & a_{k+1n} \\ \vdots & \vdots & \vdots & \vdots \\ a_{n2} & a_{n3} & \cdots & a_{nn} \end{vmatrix}$$

$$- (-1)^{k-1}a_{k2}\begin{vmatrix} a_{11} & a_{13} & \cdots & a_{1n} \\ \vdots & \vdots & \vdots & \vdots \\ a_{k-11} & a_{k-13} & \cdots & a_{k-1n} \\ a_{k+11} & a_{k+13} & \cdots & a_{k+1n} \\ \vdots & \vdots & \vdots & \vdots \\ a_{n1} & a_{n3} & \cdots & a_{nn} \end{vmatrix}$$

$$+ \cdots + (-1)^{k+n}a_{kn}\begin{vmatrix} a_{11} & a_{12} & \cdots & a_{1n-1} \\ \vdots & \vdots & \vdots & \vdots \\ a_{k-11} & a_{k-12} & \cdots & a_{k-1n-1} \\ a_{k+11} & a_{k+12} & \cdots & a_{k+1n-1} \\ \vdots & \vdots & \vdots & \vdots \\ a_{n1} & a_{n2} & \cdots & a_{nn-1} \end{vmatrix}$$

(2.3.4)

となります.

2.4 行列式の計算

　行列式を実際に計算する場合，性質（e）が役に立ちます．もし n 次行列式を定義（2.1.2）にしたがって計算すると項の数が $n!$ 個あるため n が少し大きくなると実用的ではありません．しかし，行列の場合のガウスの消去法に対応させて，性質（e）を使って行列式を以下のように変形していくと，行列式の値は上三角型の行列式の対角線要素の積

$$|A| = \begin{vmatrix} a_{11} & a_{12} & \cdots & a_{1n} \\ 0 & a_{22}^{(2)} & \cdots & a_{2n}^{(2)} \\ \vdots & \vdots & \vdots & \vdots \\ 0 & 0 & \cdots & a_{nn}^{(n)} \end{vmatrix} = a_{11}a_{22}^{(2)}\cdots a_{nn}^{(n)} \tag{2.4.1}$$

になります（２行目以下は要素が変化するため上添え字をつけています）．これは式（2.3.1）から

$$\begin{vmatrix} a_{11} & a_{12} & a_{13} & \cdots & a_{1n} \\ 0 & a_{22}^{(2)} & a_{23}^{(2)} & \cdots & a_{2n}^{(2)} \\ \vdots & \vdots & \vdots & \vdots & \vdots \\ 0 & 0 & 0 & \cdots & a_{nn}^{(n)} \end{vmatrix} = a_{11} \begin{vmatrix} a_{22}^{(2)} & a_{23}^{(2)} & \cdots & a_{2n}^{(2)} \\ 0 & a_{33}^{(3)} & \cdots & a_{3n}^{(3)} \\ \vdots & \vdots & \vdots & \vdots \\ 0 & 0 & \cdots & a_{nn}^{(n)} \end{vmatrix}$$

$$= a_{11}a_{22}^{(2)} \begin{vmatrix} a_{33}^{(3)} & a_{34}^{(3)} & \cdots & a_{3n}^{(3)} \\ 0 & a_{44}^{(4)} & \cdots & a_{4n}^{(4)} \\ \vdots & \vdots & \vdots & \vdots \\ 0 & 0 & \cdots & a_{nn}^{(n)} \end{vmatrix} = \cdots = a_{11}a_{22}^{(2)}\cdots a_{n-1n-1}^{(n-1)}a_{nn}^{(n)}$$

となるからわかります．同様に性質（e）を使って $|A|$ を下三角行列の形に変形しても行列式の値は対角要素の積になることがわかります．また，このことから上（下）三角型行列の対角要素に少なくともひとつ０があれば行列式の値は０であることもわかります．

Example 2.4.1

　次の等式（ファンデルモンドの行列式）を証明しなさい.

[Answer]

$$
\begin{vmatrix}
1 & 1 & 1 & \cdots & 1 \\
x_1 & x_2 & x_3 & \cdots & x_n \\
x_1^2 & x_2^2 & x_3^2 & \cdots & x_n^2 \\
\vdots & \vdots & \vdots & \vdots & \vdots \\
x_1^{n-1} & x_2^{n-1} & x_3^{n-1} & \cdots & x_n^{n-1}
\end{vmatrix}
$$

$$
= (-1)^{n(n-1)/2}(x_1-x_2)(x_1-x_3)\cdots(x_1-x_n)
$$
$$
\times (x_2-x_3)\cdots(x_2-x_n) \times \cdots \times (x_{n-1}-x_n) \tag{2.4.2}
$$

この式が成り立つことを示すには以下のように考えます．まず，両辺を $x_i(i=1,\cdots,n)$ に対する多項式とみなします．次に左辺で $x_i = x_j$ とすれば列が一致するため行列式の値は 0 になります．したがって，因数定理から左辺が (x_i-x_j) で割り切れます．このことは左辺が (x_i-x_j) という因数をもっていることを意味しますが，これがすべての $i \neq j$ に対していえます．両辺の多項式の次数を比べれば係数にあたる部分を除いて左辺は右辺の形にかけることがわかります．そして，係数は両辺の 1 つの項（たとえば対角線上の $x_2 x_3^2 \cdots x_n^{n-1}$）を比べることにより $(-1)^{n(n-1)/2}$ と書けることがわかります．

2.5 余因子

はじめに用語の定義をします．n 次行列式 $|A|$ のなかで (i,j) 要素である a_{ij} の要素に注目します．そして，もとの行列式の i 行目と j 列目を取り除いて作った $n-1$ 次の行列式に $(-1)^{i+j}$ を掛けたものを a_{ij} の**余因子**とよび A_{ij} と記します．すなわち

$$
A = \begin{vmatrix}
a_{11} & \cdots & a_{1j} & \cdots & a_{1n} \\
\vdots & \vdots & \vdots & \vdots & \vdots \\
a_{i1} & \cdots & a_{ij} & \cdots & a_{in} \\
\vdots & \vdots & \vdots & \vdots & \vdots \\
a_{n1} & \cdots & a_{nj} & \cdots & a_{nn}
\end{vmatrix}
$$

のとき

$$A_{ij} = (-1)^{i+j} \begin{vmatrix} a_{11} & \cdots & a_{1j-1} & a_{1j+1} & \cdots & a_{1n} \\ \vdots & \vdots & \vdots & \vdots & \vdots & \vdots \\ a_{i-11} & \cdots & a_{i-1j-1} & a_{i-1j+1} & \cdots & a_{i-1n} \\ a_{i+11} & \cdots & a_{i+1j-1} & a_{i+1j+1} & \cdots & a_{i+1n} \\ \vdots & \vdots & \vdots & \vdots & \vdots & \vdots \\ a_{n1} & \cdots & a_{nj-1} & a_{nj+1} & \cdots & a_{nn} \end{vmatrix}$$

(2.5.1)

です．さらに，行列 $A = [A_{ij}]$ に対して，余因子 A_{ij} を要素とする行列の「転置行列」を余因子行列とよび A^* と記します．すなわち，

$$A^* = \begin{bmatrix} A_{11} & \cdots & A_{j1} & \cdots & A_{n1} \\ \vdots & \vdots & \vdots & \vdots & \vdots \\ A_{1i} & \cdots & A_{ji} & \cdots & A_{ni} \\ \vdots & \vdots & \vdots & \vdots & \vdots \\ A_{1n} & \cdots & A_{jn} & \cdots & A_{nn} \end{bmatrix}$$

(2.5.2)

Example 2.5.1

次の行列の余因子行列を求めなさい．

[**Answer**]

$$|A| = \begin{vmatrix} a_{11} & a_{12} & a_{13} \\ a_{21} & a_{22} & a_{23} \\ a_{31} & a_{32} & a_{33} \end{vmatrix}$$

$$|A_{11}| = \begin{vmatrix} a_{22} & a_{23} \\ a_{32} & a_{33} \end{vmatrix}, \quad |A_{12}| = -\begin{vmatrix} a_{21} & a_{23} \\ a_{31} & a_{33} \end{vmatrix}, \quad |A_{13}| = \begin{vmatrix} a_{21} & a_{22} \\ a_{31} & a_{32} \end{vmatrix}$$

等であり，また余因子行列は

$$A^* = \begin{bmatrix} a_{22}a_{33} - a_{23}a_{32} & a_{23}a_{31} - a_{21}a_{33} & a_{21}a_{32} - a_{22}a_{31} \\ a_{13}a_{32} - a_{12}a_{33} & a_{11}a_{33} - a_{13}a_{31} & a_{12}a_{31} - a_{11}a_{32} \\ a_{12}a_{23} - a_{13}a_{22} & a_{13}a_{21} - a_{11}a_{23} & a_{11}a_{22} - a_{12}a_{21} \end{bmatrix}$$

となります．

はじめに，行列式の第 1 行による展開は余因子を用いれば

$$|A| = a_{11}A_{11} + a_{12}A_{12} + \cdots + a_{1n}A_{1n}$$

と書けます．また，

$$|A| = \begin{vmatrix} a_{11} & \cdots & a_{1j} & \cdots & a_{1n} \\ a_{21} & \cdots & a_{2j} & \cdots & a_{2n} \\ \vdots & & \vdots & & \vdots \\ a_{n1} & \cdots & a_{nj} & \cdots & a_{nn} \end{vmatrix} = - \begin{vmatrix} a_{21} & \cdots & a_{2j} & \cdots & a_{2n} \\ a_{11} & \cdots & a_{1j} & \cdots & a_{1n} \\ \vdots & & \vdots & & \vdots \\ a_{n1} & \cdots & a_{nj} & \cdots & a_{nn} \end{vmatrix}$$

$$= a_{21}(-1)^{2+1} \begin{vmatrix} a_{11} & \cdots & a_{1n} \\ a_{31} & \cdots & a_{3n} \\ \vdots & & \vdots \\ a_{n2} & \cdots & a_{nn} \end{vmatrix} + \cdots + a_{2n}(-1)^{2+n} \begin{vmatrix} a_{11} & \cdots & a_{1n-1} \\ a_{31} & \cdots & a_{3n-1} \\ \vdots & & \vdots \\ a_{n1} & \cdots & a_{nn-1} \end{vmatrix}$$

$$= a_{21}A_{21} + a_{22}A_{22} + \cdots + a_{2n}A_{2n}$$

が成り立ちます（第 2 式から第 3 式には 1 回の行の入れ換えを行っています）．
さらに

$$|A| = \begin{vmatrix} a_{11} & \cdots & a_{1j} & \cdots & a_{1n} \\ a_{21} & \cdots & a_{2j} & \cdots & a_{2n} \\ a_{31} & \cdots & a_{3j} & \cdots & a_{3n} \\ \vdots & & \vdots & & \vdots \\ a_{n1} & \cdots & a_{nj} & \cdots & a_{nn} \end{vmatrix} = \begin{vmatrix} a_{31} & \cdots & a_{3j} & \cdots & a_{3n} \\ a_{11} & \cdots & a_{1j} & \cdots & a_{1n} \\ a_{21} & \cdots & a_{2j} & \cdots & a_{2n} \\ \vdots & & \vdots & & \vdots \\ a_{n1} & \cdots & a_{nj} & \cdots & a_{nn} \end{vmatrix}$$

$$= a_{31}(-1)^{3+1} \begin{vmatrix} a_{12} & \cdots & a_{1n} \\ \vdots & & \vdots \\ a_{n2} & \cdots & a_{nn} \end{vmatrix} + \cdots + (-1)^{3+n}a_{3n} \begin{vmatrix} a_{11} & \cdots & a_{1n-1} \\ \vdots & & \vdots \\ a_{n1} & \cdots & a_{nn-1} \end{vmatrix}$$

$$= a_{31}A_{31} + a_{32}A_{32} + \cdots + a_{3n}A_{3n}$$

が成り立ちます（第 2 式から第 3 式には 2 回の行の入れ換えを行っています）．
　以下，同様にして任意の i について

$$|A| = a_{i1}A_{i1} + a_{i2}A_{i2} + \cdots + a_{in}A_{in} \tag{2.5.3}$$

が成り立つことがわかります．これを行列式の i 行についての**余因子展開**とよんでいます．一方，i と k の 2 つの行が等しく，その結果 0 となる行列式

$$0 = \begin{vmatrix} a_{11} & \cdots & a_{1j} & \cdots & a_{1n} \\ \vdots & \vdots & \vdots & \vdots & \vdots \\ a_{k1} & \cdots & a_{kj} & \cdots & a_{kn} \\ \vdots & \vdots & \vdots & \vdots & \vdots \\ a_{k1} & \cdots & a_{kj} & \cdots & a_{kn} \\ \vdots & \vdots & \vdots & \vdots & \vdots \\ a_{n1} & \cdots & a_{nj} & \cdots & a_{nn} \end{vmatrix} \begin{matrix} \\ \\ \cdots \ i \\ \\ \cdots \ k \\ \\ \\ \end{matrix}$$

を i 行について余因子展開することにより

$$a_{k1}A_{i1} + a_{k2}A_{i2} + \cdots + a_{kn}A_{in} = 0 \quad (k \neq i) \tag{2.5.4}$$

が得られます.

　ある行列に対する行列式とその転置行列に対する行列式の値が等しいという性質から，ここで述べた性質はすべて列に関する性質として読み替えることができます. すなわち，列についても余因子展開ができて

$$|A| = a_{1j}A_{1j} + a_{2j}A_{2j} + \cdots + a_{nj}A_{nj}$$
$$a_{1k}A_{1j} + a_{2k}A_{2j} + \cdots + a_{nk}A_{nj} = 0 \quad (k \neq j) \tag{2.5.5}$$

となります.

2.6　クラメルの公式

　連立 n 元 1 次方程式

$$\begin{aligned} a_{11}x_1 + a_{12}x_2 + \cdots + a_{1n}x_n &= b_1 \\ a_{21}x_1 + a_{22}x_2 + \cdots + a_{2n}x_n &= b_2 \\ &\cdots \\ a_{n1}x_1 + a_{n2}x_2 + \cdots + a_{nn}x_n &= b_n \end{aligned} \tag{2.6.1}$$

の解の公式にクラメルの公式があります. いま，j を $1, 2, \cdots, n$ のどれかとして，B_j という行列を，連立 1 次方程式の係数から作った行列

$$A = \begin{bmatrix} a_{11} & \cdots & a_{1j} & \cdots & a_{1n} \\ a_{21} & \cdots & a_{2j} & \cdots & a_{2n} \\ \vdots & \vdots & \vdots & \vdots & \vdots \\ a_{n1} & \cdots & a_{nj} & \cdots & a_{nn} \end{bmatrix} \qquad (2.6.2)$$

の第 j 列ベクトルを連立 1 次方程式の右辺の列ベクトルで置き換えた行列と定義します．すなわち，

$$B_j = \begin{bmatrix} a_{11} & \cdots & b_1 & \cdots & a_{1n} \\ a_{21} & \cdots & b_2 & \cdots & a_{2n} \\ \vdots & \vdots & \vdots & \vdots & \vdots \\ a_{n1} & \cdots & b_n & \cdots & a_{nn} \end{bmatrix} \qquad (2.6.3)$$

です．このとき連立 1 次方程式の解は $|A| \neq 0$ であれば

$$x_1 = \frac{|B_1|}{|A|}, \cdots, x_j = \frac{|B_j|}{|A|}, \cdots, x_n = \frac{|B_n|}{|A|} \qquad (2.6.4)$$

で与えられます．これを**クラメルの公式**とよんでいます．

たとえば連立 2 元 1 次方程式

$$\begin{aligned} a_1 x + b_1 y &= d_1 \\ a_2 x + b_2 y &= d_2 \end{aligned} \qquad (2.6.5)$$

の解は $a_1 b_2 - a_2 b_1 c \neq 0$ のとき

$$x = \frac{\begin{vmatrix} d_1 & b_1 \\ d_2 & b_2 \end{vmatrix}}{\begin{vmatrix} a_1 & b_1 \\ a_2 & b_2 \end{vmatrix}}, \quad y = \frac{\begin{vmatrix} a_1 & d_1 \\ a_2 & d_2 \end{vmatrix}}{\begin{vmatrix} a_1 & b_2 \\ a_2 & b_1 \end{vmatrix}} \qquad (2.6.6)$$

となります．また連立 3 元 1 次方程式

$$\begin{aligned} a_1 x + b_1 y + c_1 z &= d_1 \\ a_2 x + b_2 y + c_2 z &= d_2 \\ a_3 x + b_3 y + c_3 z &= d_3 \end{aligned} \qquad (2.6.6)$$

の解は

$$x = \frac{\begin{vmatrix} d_1 & b_1 & c_1 \\ d_2 & b_2 & c_2 \\ d_3 & b_3 & c_3 \end{vmatrix}}{\begin{vmatrix} a_1 & b_1 & c_1 \\ a_2 & b_2 & c_2 \\ a_3 & b_3 & c_3 \end{vmatrix}}, \quad y = \frac{\begin{vmatrix} a_1 & d_1 & c_1 \\ a_2 & d_2 & c_2 \\ a_3 & d_3 & c_3 \end{vmatrix}}{\begin{vmatrix} a_1 & b_1 & c_1 \\ a_2 & b_2 & c_2 \\ a_3 & b_3 & c_3 \end{vmatrix}}, \quad z = \frac{\begin{vmatrix} a_1 & b_1 & d_1 \\ a_2 & b_2 & d_2 \\ a_3 & b_3 & d_3 \end{vmatrix}}{\begin{vmatrix} a_1 & b_1 & c_1 \\ a_2 & b_2 & c_2 \\ a_3 & b_3 & c_3 \end{vmatrix}}$$

$$(2.6.7)$$

です．なお，分母は 0 でないと仮定しています．

クラメルの公式は以下のようにして証明することができます．

連立 1 次方程式(2.6.1) の第 1 式に余因数 $A_{1j}, \cdots,$ 第 n 式に余因数 A_{nj} を
かけてすべてを加え合わせると

$$\left(\sum_{k=1}^{n} a_{k1} A_{kj} \right) x_1 + \left(\sum_{k=1}^{n} a_{k2} A_{kj} \right) x_2 + \cdots + \left(\sum_{k=1}^{n} a_{kj} A_{kj} \right) x_j + \cdots$$

$$+ \left(\sum_{k=1}^{n} a_{kn} A_{kj} \right) x_n = \sum_{k=1}^{n} b_k A_{kj}$$

となります．一方，余因数の性質から $x_1, \cdots, x_{j-1}, x_{j+1}, \cdots, x_n$ の係数はすべ
て 0 であり，また x_j の係数は $|A|$ となります．そこで

$$\sum_{k=1}^{n} b_k A_{kj} = D_j$$

とおけば

$$|A| x_j = D_j$$

となります．ここで，D_j は行列式 A の第 j 列の要素 $a_{1j}, \cdots, a_{nj}$ をそれぞれ
$b_1, \cdots, b_n$ で置き換えたものなので式(2.6.3) の B_j の行列式と一致します．し
たがって，$|A| \neq 0$ ならば式(2.6.4) が成り立ちます．

逆に連立方程式の i 番目の式を $|A|$ 倍した式に，この $x_1, \cdots, x_n$ を代入すれば

$$|A|(a_{i1}x_1 + a_{i2}x_2 + \cdots + a_{in}x_n)$$

$$= a_{i1}\sum_{k=1}^{n} b_k A_{k1} + a_{i2}\sum_{k=1}^{n} b_k A_{k2} + \cdots + a_{in}\sum_{k=1}^{n} b_k A_{kn}$$

$$= a_{i1}(b_1 A_{11} + \cdots + b_n A_{n1}) + \cdots + a_{in}(b_1 A_{1n} + \cdots + b_n A_{nn})$$

$$= b_1(a_{i1}A_{11} + \cdots + a_{in}A_{1n}) + \cdots + b_i(a_{i1}A_{i1} + \cdots + a_{in}A_{in})$$

$$\quad + \cdots + b_n(a_{i1}A_{n1} + \cdots + a_{in}A_{nn})$$

$$= b_1 \times 0 + \cdots + b_i|A| + \cdots + b_n \times 0 = b_i|A|$$

となるため連立 1 次方程式を満足します.

　係数から作った行列式 A が 0 になればクラメルの公式が使えません. その場合には, 連立 1 次方程式の解が一意に決まりません.

■逆行列の求め方
　余因子行列を用いれば, 逆行列を求める公式

$$A^{-1} = \frac{1}{|A|}A^* \tag{2.6.9}$$

が得られます. これは以下のようにして証明することができます.

$$A = \begin{bmatrix} a_{11} & a_{12} & \cdots & a_{1n} \\ a_{21} & a_{22} & \cdots & a_{2n} \\ \vdots & \vdots & \vdots & \vdots \\ a_{n1} & a_{n2} & \cdots & a_{nn} \end{bmatrix}$$

の逆行列を

$$X = \begin{bmatrix} x_{11} & x_{12} & \cdots & x_{1n} \\ x_{21} & x_{22} & \cdots & x_{2n} \\ \vdots & \vdots & \vdots & \vdots \\ x_{n1} & x_{n2} & \cdots & x_{nn} \end{bmatrix}$$

とすれば, 定義から

$$AX = \begin{bmatrix} 1 & 0 & \cdots & 0 \\ 0 & 1 & \cdots & 0 \\ \vdots & \vdots & \vdots & \vdots \\ 0 & 0 & \cdots & 1 \end{bmatrix}$$

が成り立ちます. 左辺の積を計算して両辺の k 列目を比較すれば

$$a_{11}x_{1k} + \cdots + a_{1n}x_{nk} = 0$$
$$\cdots$$
$$a_{k1}x_{1k} + \cdots + a_{kn}x_{nk} = 1 \qquad (2.6.10)$$
$$\cdots$$
$$a_{n1}x_{1k} + \cdots + a_{nn}x_{nk} = 0$$

という連立 n 元 1 次方程式が得られます. この方程式をクラメルの公式を用いて解けば

$$x_{jk} = |B_k|/|A| \quad (j = 1, \cdots, n)$$

となります. ここで $|B_k|$ は行列 A の k 列目を式(2.6.10) の右辺で置き換えたものであり, この列に沿って余因数展開すれば $|A|$ の a_{kj} における余因数 A_{kj} になります. すなわち

$$A_{kj} = A_{kj}/|A| \quad (j = 1, \cdots, n)$$

したがって,

$$A^{-1} = X = \begin{bmatrix} A_{11}/|A| & A_{21}/|A| & \cdots & A_{n1}/|A| \\ A_{12}/|A| & A_{22}/|A| & \cdots & A_{n2}/|A| \\ \vdots & \vdots & \vdots & \vdots \\ A_{1n}/|A| & a_{2n}/|A| & \cdots & A_{nn}/|A| \end{bmatrix} \qquad (2.6.11)$$

となります.

Example 2.6.1

次の $(3, 3)$ 行列の逆行列を式(2.6.11) を用いて求めなさい.

[**Answer**]

$$\begin{bmatrix} 1 & 2 & 3 \\ 2 & 3 & 1 \\ 3 & 1 & 2 \end{bmatrix}$$

$|A| = 6+6+6-27-8-1 = -18, A_{11} = 5, A_{12} = -1, A_{13} = -7$

$A_{21} = -1, A_{22} = -7, A_{23} = 5, A_{31} = -7, A_{32} = 5, A_{33} = -1$

より

$$A^{-1} = -\frac{1}{18} \begin{bmatrix} 5 & -1 & -7 \\ -1 & -7 & 5 \\ -7 & 5 & -1 \end{bmatrix}$$

1. 次の行列式の値を求めなさい.

   (a) $\begin{vmatrix} 1 & 1 & 1 \\ x & y & z \\ y+z & z+x & x+y \end{vmatrix}$ (b) $\begin{bmatrix} \omega & \omega^2 & 1 \\ \omega^2 & 1 & \omega \\ 1 & \omega & \omega^2 \end{bmatrix}$

2. 次の方程式を解きなさい.

   (a) $\begin{vmatrix} 1 & 1 & 2-x \\ 0 & 1+x & 6 \\ 1-x & 2 & 6 \end{vmatrix} = 0$ (b) $\begin{vmatrix} 5-2x & 1-3x & 7-x \\ 1 & 7 & 4 \\ 0 & 6 & 3 \end{vmatrix} = 0$

3. 因数分解しなさい.

   (a) $\begin{vmatrix} 1 & a & a^3 \\ 1 & b & b^3 \\ 1 & c & c^3 \end{vmatrix}$ (b) $\begin{vmatrix} 1 & 1 & 1 & 1 \\ a & b & c & d \\ a^2 & b^2 & c^2 & d^2 \\ a^3 & b^3 & c^3 & d^3 \end{vmatrix}$

4. 次の行列式の値を求めなさい.

   (a) $\begin{vmatrix} 2 & 0 & 1 & -2 \\ 1 & 3 & 2 & -1 \\ -1 & 5 & 1 & 1 \\ 2 & 7 & -6 & 3 \end{vmatrix}$ (b) $\begin{vmatrix} a+p & b & c & d \\ a & b+p & c & d \\ a & b & c+p & d \\ a & b & c & d+p \end{vmatrix}$

5. a を定数とするとき, 次の3つの直線が1点で交わるように a の値を定めなさい.

   $(a-1)x + 2y = 2a-1, \quad 2x + 4y = 3a, \quad (3a-2)x - 2y = a-2$

6. $A = a\alpha + b\gamma + c\beta, B = a\beta + b\alpha + c\gamma, C = a\gamma + b\beta + c\alpha$ のとき

   $$\begin{vmatrix} a & b & c \\ c & a & b \\ b & c & a \end{vmatrix} \cdot \begin{vmatrix} \alpha & \beta & \gamma \\ \gamma & \alpha & \beta \\ \beta & \gamma & \alpha \end{vmatrix} = \begin{vmatrix} A & B & C \\ C & A & B \\ B & C & A \end{vmatrix}$$

   を示し, $(a^3 + b^3 + c^3 - 3abc)(\alpha^3 + \beta^3 + \gamma^3 - 3\alpha\beta\gamma) = A^3 + B^3 + C^3 - 3ABC$ を証明しなさい.

Chapter 3

線形写像と行列

3.1 2次元の写像と行列

連立2元1次方程式

$$a_1 x_1 + b_1 x_2 = y_1$$
$$a_2 x_1 + b_2 x_2 = y_2 \tag{3.1.1}$$

を解くことは右辺の y_1 と y_2 を与えて，未知数 x_1 と x_2 を求める手続きです．一方，これらの式は，x_1 と x_2 を与えて，y_1 と y_2 を求める関係式ともみなせます．この場合，(x_1, x_2) は $x_1 x_2$ 平面内の1点（2次元ベクトル）を表し，(y_1, y_2) は $y_1 y_2$ 平面内の1点（2次元ベクトル）を表すため，式(3.1.1) は2つの平面の間（2次元ベクトル間）の写像（変換）関係を表しています．

この変換の特徴のひとつに原点は原点に写像されることがあげられます．このことは $(0,0)$ を代入することにより確かめることができます．さらに原点を通る直線は変換後も原点を通る直線に写像されることもわかります．実際，$x_1 x_2$ 面における直線

$$x_2 = k x_1$$

上にある点は $(x_1, k x_1)$ で表されますが，これを式(3.1.1) に代入すれば

$$y_1 = a_1 x_1 + b_1 k x_1 = (a_1 + b_1 k) x_1$$
$$y_2 = a_2 x_1 + b_2 k x_1 = (a_2 + b_2 k) x_1$$

となり，これから $a_1 + b_1 k \neq 0$ のとき

$$y_2 = \frac{a_2 + b_2 k}{a_1 + b_1 k} y_1$$

になります．このことは，y_1 と y_2 が直線上にあることを示しています．

写像(3.1.1) は $(2,2)$ 行列を用いて

$$\begin{bmatrix} y_1 \\ y_2 \end{bmatrix} = \begin{bmatrix} a_1 & b_1 \\ a_2 & b_2 \end{bmatrix} \begin{bmatrix} x_1 \\ x_2 \end{bmatrix} \tag{3.1.2}$$

と表せることは，右辺の積を計算すればわかります．

上の $(2,2)$ 行列の要素の意味を調べてみます．いま，$x_1 x_2$ 面内の 1 点 $(1,0)$ が変換によって，$y_1 y_2$ 面内のどの点に移るかを調べるために，式(3.1.2) に x_1 $=1$ と $x_2=0$ を代入して積を計算すれば，(a_1, a_2) になります．同様に計算すれば $x_1 x_2$ 面内の 1 点 $(0,1)$ は変換によって，$y_1 y_2$ 面内の (b_1, b_2) に移ります．すなわち，係数 $(a_1, a_2), (b_1, b_2)$ は点 $(1,0), (0,1)$ の写像された先の点の座標を表します．

Example 3.1.1

平面内の 1 点を θ だけ回転させる写像を求めなさい．

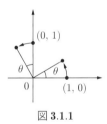

図 **3.1.1**

[Answer]

図 3.1.1 からこの写像により点 $(1,0)$ は点 $(\cos\theta, \sin\theta)$ に，点 $(0,1)$ は点 $(-\sin\theta, \cos\theta)$ に移ります．したがって，

$$\begin{bmatrix} \cos\theta & -\sin\theta \\ \sin\theta & \cos\theta \end{bmatrix}$$

となります．

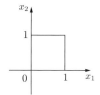

図 **3.1.2**

　次にこの写像によって，図 3.1.2 に示す x_1x_2 平面の 1 辺 1 の正方形がどのような図形に変換されるかを調べてみます．すでに $(1,0)$ と $(0,1)$ は調べたため，$(1,1)$ の行き先を調べます．そこで，式(3.1.2) を用いて計算すれば $(a_1 + b_1, a_2 + b_2)$ となります．この点は図に示すように (a_1, a_2)，(b_1, b_2) を 2 辺とする平行四辺形の頂点になっています．このことと，原点を通る直線が式(3.1.2) によって原点をとおる直線に写像されることから，正方形は上でのべた平行四辺形に写像されることがわかります．

　一方，この平行四辺形の面積は後の **Example 3.2.2** で示しますが

$$\begin{vmatrix} a_1 & b_1 \\ a_2 & b_2 \end{vmatrix}$$

（$a_1b_2 - a_2b_1 > 0$ のとき）となります．このことから，行列式は写像によって 1 辺が 1 の正方形の面積が拡大（縮小）される割合を示しています．

3.2　3 次元の写像と行列

　次に 3 次元の写像

$$\begin{aligned} a_1x_1 + b_1x_2 + c_1x_3 &= y_1 \\ a_2x_1 + b_2x_2 + c_2x_3 &= y_2 \\ a_3x_1 + b_3x_2 + c_3x_3 &= y_1 \end{aligned} \qquad (3.2.1)$$

を考えてみます．これは 3 次元空間内の一点 (x_1, x_2, x_3) を別の 3 次元空間の一点 (y_1, y_2, y_3) に移す写像と考えることができます．この写像も 2 次元の場合と同様に原点を原点に移し，また原点を通る直線を原点を通る直線に移す写像になっています．さらに行列の要素の意味も 2 次元の場合と同様に調べることができます．すなわち $(1,0,0), (0,1,0), (0,0,1)$ を式(3.2.1) に代入すればそれ

ぞれ $(a_1, a_2, a_3), (b_1, b_2, b_3), (c_1, c_2, c_3)$ になることから，行列の列ベクトルは点（あるいはベクトル）$(1, 0, 0), (0, 1, 0), (0, 0, 1)$ が写像により移った先の点（あるいはベクトル）になります．

Example 3.2.1

z 軸のまわりに角度 θ だけ回転させる写像を求めなさい．

[**Answer**]

このような回転では z 座標は変化しません．そこで **Example 3.1.1** の結果を用いれば 3 点 $(1, 0, 0)$，$(0, 1, 0)$，$(0, 0, 1)$ はそれぞれ 3 点 $(\cos\theta, \sin\theta, 0)$，$(-\sin\theta, \cos\theta, 0)$，$(0, 0, 1)$ に移ります．したがって，求める変換は

$$
\begin{bmatrix}
\cos\theta & -\sin\theta & 0 \\
\sin\theta & \cos\theta & 0 \\
0 & 0 & 1
\end{bmatrix}
$$

となります．

2 次元の場合と同様に，変換(3.2.1) によって $x_1 x_2 x_3$ 面内の 3 点 $(1, 0, 0)$，$(0, 1, 0), (0, 0, 1)$ からできる立方体は，変換後は $(a_1, a_2, a_3), (b_1, b_2, b_3), (c_1, c_2, c_3)$ を 3 辺とする平行 6 面体になります．そしてその平行 6 面体の体積は以下の **Example 3.2.2** に示すように

$$
\begin{vmatrix}
a_1 & b_1 & c_1 \\
a_2 & b_2 & c_2 \\
a_3 & b_3 & c_3
\end{vmatrix}
\quad \text{または} \quad
\begin{vmatrix}
a_1 & a_2 & a_3 \\
b_1 & b_2 & b_3 \\
c_1 & c_2 & c_3
\end{vmatrix}
$$

の値と同じになります．したがって，(3,3) 行列式は 1 辺 1 の立方体の体積の拡大（縮小）率を表しています．

Example 3.2.2

2 つの 3 次元ベクトル $\vec{a} = (a_1, a_2, a_3)$ と $\vec{b} = (b_1, b_2, b_3)$ によってできる平行四辺形の面積を求めなさい．また，この 2 つのベクトルおよびベクトル $\vec{c} = (c_1, c_2, c_3)$ によってできる平行六面体の体積を求めなさい．

[**Answer**]

平行四辺形の面積（＝底辺×高さ）を S，2つのベクトルのなす角を θ とすれば

$$S = |\vec{a}||\vec{b}|\sin\theta = |\vec{a}||\vec{b}|\sqrt{1-\cos^2\theta} = \sqrt{|\vec{a}|^2|\vec{b}|^2 - (\vec{a}\cdot\vec{b})^2}$$

$$= \sqrt{(a_1^2+a_2^2+a_3^2)(b_1^2+b_2^2+b_3^2) - (a_1b_1+a_2b_2+a_3b_3)^2}$$

$$= \sqrt{(a_2b_3-a_3b_2)^2 + (a_3b_1-a_1b_3)^2 + (a_1b_2-a_2b_1)^2}$$

となります．行列式を用いれば

$$S = \sqrt{A^2+B^2+C^2}$$

$$\left(A = \begin{vmatrix} a_2 & a_3 \\ b_2 & b_3 \end{vmatrix},\ B = -\begin{vmatrix} a_1 & a_3 \\ b_1 & b_3 \end{vmatrix},\ C = \begin{vmatrix} a_1 & a_2 \\ b_1 & b_2 \end{vmatrix}\right)$$

$$(3.2.2)$$

となります．2つの2次元ベクトル $\vec{a}=(a_1,a_2)$ と $\vec{b}=(b_1,b_2)$ から作られる平行四辺形の面積は式(3.2.2)で $a_3=b_3=0$ とおけば

$$S = \pm C = \pm\begin{vmatrix} a_1 & a_2 \\ b_1 & b_2 \end{vmatrix}$$

となります．ここで± は S が正になるようにとります．

　平行六面体の体積 V は，ベクトル $\vec{a}$ とベクトル $\vec{b}$ に垂直な単位ベクトルを $\vec{n}$ とすれば $\vec{c}$ と $\vec{n}$ の内積が上記の平行四辺形を底面とする平行六面体の高さになるため，$V = S|\vec{c}\cdot\vec{n}|$ となります．そこで $\vec{n}=(n_1,n_2,n_3)$ を求めてみます．$\vec{n}$ は $\vec{a}$ と $\vec{b}$ に垂直であるため内積が 0，すなわち

$$a_2n_2+a_3n_3 = -a_1n_1, \quad b_2n_2+b_3n_3 = -b_1n_1$$

となるため，これを n_2,n_3 について解くと

$$n_2 = -\frac{B}{A}n_1, \quad n_3 = -\frac{C}{A}n_1$$

となります．ここで $\vec{n}$ の大きさは 1 であるため，$n_1^2+n_2^2+n_3^2=1$ が成り立ちます．上で求めた n_2 と n_3 をこの式に代入すると n_1 が求まり，次に $n_2=-(B/A)n_1$，$n_3=-(C/A)n_1$ より n_2 と n_3 が求まります．結果は式(3.2.2)の S を用いて

$$n_1 = \pm A/S, \quad n_2 = \pm B/S, \quad n_3 = \pm C/S$$

となります．したがって，符号を適当にとることにより

$$V = S(c_1\vec{i} + c_2\vec{j} + c_3\vec{k}) \cdot (n_1\vec{i} + n_2\vec{j} + n_3\vec{k}) = c_1 \begin{vmatrix} a_2 & a_3 \\ b_2 & b_3 \end{vmatrix}$$

$$-c_2 \begin{vmatrix} a_1 & a_3 \\ b_1 & b_3 \end{vmatrix} + c_3 \begin{vmatrix} a_1 & a_2 \\ b_1 & b_2 \end{vmatrix} = \begin{vmatrix} c_1 & c_2 & c_3 \\ a_1 & a_2 & a_2 \\ b_1 & b_2 & b_3 \end{vmatrix} = \begin{vmatrix} a_1 & a_2 & a_3 \\ b_1 & b_2 & b_3 \\ c_1 & c_2 & c_3 \end{vmatrix}$$

$$(3.2.3)$$

となります．

3.3　異なった次元間の写像

例として，次の式で表される写像を考えます．

$$a_1 x_1 + b_1 x_2 + c_1 x_3 = y_1$$
$$a_2 x_1 + b_2 x_2 + c_2 x_3 = y_2 \qquad (3.3.1)$$

これは行列を用いれば

$$\begin{bmatrix} a_1 & b_1 & c_1 \\ a_2 & b_2 & c_2 \end{bmatrix} \begin{bmatrix} x_1 \\ x_2 \\ x_3 \end{bmatrix} = \begin{bmatrix} y_1 \\ y_2 \end{bmatrix}$$

と記すことができます．この式からも明らかなように，この写像は空間内の点
（３次元ベクトル）を平面内の点（２次元ベクトル）に写像しています．もと
の変換式を連立１次方程式とみなして解けば，t を任意の定数として，解は

$$x_3 = t, \quad x_1 = \frac{\begin{vmatrix} y_1 - c_1 t & b_1 \\ y_2 - c_2 t & b_2 \end{vmatrix}}{\begin{vmatrix} a_1 & b_1 \\ a_2 & b_2 \end{vmatrix}}, \quad x_2 = \frac{\begin{vmatrix} a_1 & y_1 - c_1 t \\ a_2 & y_2 - c_2 t \end{vmatrix}}{\begin{vmatrix} a_1 & b_1 \\ a_2 & b_2 \end{vmatrix}}$$

となります．このことは，t を変化させることにより解はいくらでもあること
（不定）を示しています．これを幾何学的に解釈すれば，上の関係で結ばれた
空間内の点は，変換後は平面内の同じ点に写像されることを意味しています．

すなわち，図 3.3.1 で示したベクトル（の矢印の先端）のすべてが図に示した面の同じベクトル（の矢印の先端）に正射影されると解釈できます．

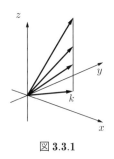

図 3.3.1

次に，写像

$$a_1 x_1 + b_1 x_2 = y_1$$
$$a_2 x_1 + b_2 x_2 = y_2 \qquad\qquad (3.3.2)$$
$$a_3 x_1 + b_3 x_2 = y_3$$

を考えてみます．これは行列を用いれば

$$\begin{bmatrix} a_1 & b_1 \\ a_2 & b_2 \\ a_3 & b_3 \end{bmatrix} \begin{bmatrix} x_1 \\ x_2 \end{bmatrix} = \begin{bmatrix} y_1 \\ y_2 \\ y_3 \end{bmatrix}$$

と記すことができます．したがって，この写像は平面内の点（2次元ベクトル）を空間内の点（3次元ベクトル）に写像しています．

　もとの変換式を x_1, x_2 を未知数とする連立1次方程式とみなせば，たとえば上の2つの式から x_1, x_2 が求まるため，方程式が解をもつためには，この値を一番下の式の左辺に代入したとき，それが右辺の値と一致する必要があります．右辺がそれ以外の値のときには解は存在しません（不能）．

3.4 線形写像と行列

いままでは2次元と3次元の写像を考えてきましたが，本節ではそれらを多次元に拡張します．次の写像（変換）を考えます．

$$a_{11}x_1 + a_{12}x_2 + \cdots + a_{1n}x_n = y_1$$
$$a_{21}x_1 + a_{22}x_2 + \cdots + a_{2n}x_n = y_2$$
$$\cdots \tag{3.4.1}$$
$$a_{m1}x_1 + a_{m2}x_2 + \cdots + a_{mn}x_n = y_m$$

この写像は (m,n) 行列を用いて

$$\vec{y} = A\vec{x} \tag{3.4.2}$$

ただし

$$
\vec{y} = \begin{bmatrix} y_1 \\ y_2 \\ \vdots \\ y_m \end{bmatrix}, \quad
A = \begin{bmatrix} a_{11} & a_{12} & \cdots & a_{1n} \\ a_{21} & a_{22} & \cdots & a_{2n} \\ \vdots & \vdots & \vdots & \vdots \\ a_{m1} & a_{m2} & \cdots & a_{mn} \end{bmatrix}, \quad
\vec{x} = \begin{bmatrix} x_1 \\ x_2 \\ \vdots \\ x_n \end{bmatrix}
\tag{3.4.3}
$$

と書くことができます．これは一般に n 次元空間から m 次元空間への写像を表しますが，行列 A の形によっては必ずしも m にはならず m より小さいことも有り得ます．n 次元空間に属するすべてのベクトル $\vec{x}$ が写像後につくる空間を**像空間**とよんでいますが，このことばを使えば写像(3.4.3)による像空間の次元は m 以下ということになります．

簡単に確かめられるように写像(3.4.3)は，

$$Ak\vec{x} = kA\vec{x} \quad (k：定数)$$
$$A(\vec{x} + \vec{x}') = A\vec{x} + A\vec{x}' \tag{3.4.4}$$

という2つの条件を満足します．これらの条件（線形性）を満たす写像を**線形写像**といいます．

式(3.4.1) の $\vec{x}$ として特に n 次元単位ベクトル

$$\vec{e}_1 = \begin{bmatrix} 1 \\ 0 \\ \vdots \\ 0 \end{bmatrix}, \quad \vec{e}_2 = \begin{bmatrix} 0 \\ 1 \\ \vdots \\ 0 \end{bmatrix}, \quad \cdots, \vec{e}_n = \begin{bmatrix} 0 \\ 0 \\ \vdots \\ 1 \end{bmatrix} \tag{3.4.5}$$

をとれば

$$\vec{y}_1 = \begin{bmatrix} a_{11} \\ a_{21} \\ \vdots \\ a_{m1} \end{bmatrix}, \quad \vec{y}_2 = \begin{bmatrix} a_{12} \\ a_{22} \\ \vdots \\ a_{m2} \end{bmatrix}, \quad \cdots, \vec{y}_n = \begin{bmatrix} a_{1n} \\ a_{2n} \\ \vdots \\ a_{mn} \end{bmatrix} \tag{3.4.6}$$

となるため，行列 A の j 列を表す要素 $(a_{1j}, a_{2j}, \cdots, a_{mj})^T$ は n 次元空間の点 $(0, \cdots, 1, \cdots, 0)^T$（1 は j 番目）の写像後の座標を表すこと，あるいは同じことですが行列 A の各列を表すベクトルは，もとの空間の単位ベクトルの写像後のベクトルを表すことがわかります．また，$m = n$ の場合については，行列式 $|A|$ の値は n 次元立体の写像による体積の**拡大率**を表します．これらの事実は 2 次元，3 次元の拡張になっています．

　なお，前述のように $m = n$ の場合であっても，n 次元空間が必ずしも n 次元空間に写像されるとは限らず，行列式 $|A|$ が 0 ならば，像空間の次元は n より小さくなります．

3.5　変換の合成，逆写像

　n 次元から k 次元への写像

$$\begin{aligned}
b_{11}x_1 + b_{12}x_2 + \cdots + b_{1n}x_n &= y_1 \\
b_{21}x_1 + b_{22}x_2 + \cdots + b_{2n}x_n &= y_2 \\
\cdots \\
b_{k1}x_1 + b_{n2}x_2 + \cdots + b_{kn}x_n &= y_k
\end{aligned} \tag{3.5.1}$$

と k 次元から m 次元への写像

$$\begin{aligned}
a_{11}y_1 + a_{12}y_2 + \cdots + a_{1k}y_k &= z_1 \\
a_{21}y_1 + a_{22}y_2 + \cdots + a_{2k}y_k &= z_2 \\
\cdots \\
a_{m1}y_1 + a_{m2}y_2 + \cdots + a_{mk}y_k &= z_m
\end{aligned} \tag{3.5.2}$$

すなわち,

$$
\begin{bmatrix} y_1 \\ y_2 \\ \vdots \\ y_k \end{bmatrix} = \begin{bmatrix} b_{11} & b_{12} & \cdots & b_{1n} \\ b_{21} & b_{22} & \cdots & b_{2n} \\ \vdots & \vdots & \cdots & \vdots \\ b_{k1} & b_{k2} & \cdots & b_{kn} \end{bmatrix} \begin{bmatrix} x_1 \\ x_2 \\ \vdots \\ x_n \end{bmatrix} \tag{3.5.3}
$$

$$
\begin{bmatrix} z_1 \\ z_2 \\ \vdots \\ z_m \end{bmatrix} = \begin{bmatrix} a_{11} & a_{12} & \cdots & a_{1k} \\ a_{21} & a_{22} & \cdots & a_{2k} \\ \vdots & \vdots & \cdots & \vdots \\ a_{m1} & a_{m2} & \cdots & a_{mk} \end{bmatrix} \begin{bmatrix} y_1 \\ y_2 \\ \vdots \\ y_k \end{bmatrix} \tag{3.5.4}
$$

を考えます. はじめの写像により,点 $(x_1, \cdots, x_n)^T$ は点 $(y_1, \cdots, y_k)^T$ に写像されます. さらに 2 番目の写像により点 $(y_1, \cdots, y_k)^T$ は点 $(z_1, \cdots, z_m)^T$ に写像されます. そこで 2 つの写像を続けて行えば点 $(x_1, \cdots, x_n)^T$ が点 $(z_1, \cdots, z_m)^T$ に写像されることになります.

はじめにこの**合成写像**の形を定めてみます. それには式(3.5.1) を式(3.5.2)に代入します. その結果

$$
\begin{aligned}
z_1 &= a_{11}(b_{11}x_1 + b_{12}x_2 + \cdots + b_{1n}x_n) + a_{12}(b_{21}x_1 + b_{22}x_2 + \cdots + b_{2n}x_n) \\
&\quad + \cdots + a_{1k}(b_{k1}x_1 + b_{k2}x_2 + \cdots + b_{kn}x_n) \\
&= (a_{11}b_{11} + a_{12}b_{21} + \cdots + a_{1k}b_{k1})x_1 + (a_{11}b_{12} + a_{22}b_{21} + \cdots + a_{1k}b_{k2})x_2 \\
&\quad + \cdots + (a_{11}b_{1n} + a_{12}b_{2n} + \cdots + a_{1k}b_{kn})x_n \\
z_2 &= a_{21}(b_{11}x_1 + b_{12}x_2 + \cdots + b_{1n}x_n) + a_{22}(b_{21}x_1 + b_{22}x_2 + \cdots + b_{2n}x_n) \\
&\quad + \cdots + a_{2k}(b_{k1}x_1 + b_{k2}x_2 + \cdots + b_{kn}x_n) \\
&= (a_{21}b_{11} + a_{22}b_{21} + \cdots + a_{2k}b_{k1})x_1 + (a_{21}b_{12} + a_{22}b_{22} + \cdots + a_{2k}b_{k2})x_2 \\
&\quad + \cdots + (a_{21}b_{1n} + a_{22}b_{2n} + \cdots + a_{2k}b_{kn})x_n \\
&\qquad \cdots \\
z_m &= a_{m1}(b_{11}x_1 + b_{12}x_2 + \cdots + b_{1n}x_n) + a_{m2}(b_{21}x_1 + b_{22}x_2 + \cdots + b_{2n}x_n) \\
&\quad + \cdots + a_{mk}(b_{k1}x_1 + b_{k2}x_2 + \cdots + b_{kn}x_n) \\
&= (a_{m1}b_{11} + a_{m2}b_{21} + \cdots + a_{mk}b_{k1})x_1 + (a_{m1}b_{12} + a_{m2}b_{22} + \cdots + a_{mk}b_{k2})x_2 \\
&\quad + \cdots + (a_{m1}b_{1n} + a_{m2}b_{2n} + \cdots + a_{mk}b_{kn})x_n
\end{aligned}
\tag{3.5.5}
$$

となります. 次に行列の形で計算してみます. このとき式(3.5.3) を式(3.5.4)の右側の式にそのままに代入すれば

$$
\begin{bmatrix} z_1 \\ z_2 \\ \vdots \\ z_m \end{bmatrix} = \begin{bmatrix} a_{11} & a_{12} & \cdots & a_{1k} \\ a_{21} & a_{22} & \cdots & a_{2k} \\ \vdots & \vdots & \cdots & \vdots \\ a_{m1} & a_{m2} & \cdots & a_{mk} \end{bmatrix} \begin{bmatrix} b_{11} & b_{12} & \cdots & b_{1n} \\ b_{21} & b_{22} & \cdots & b_{2n} \\ \vdots & \vdots & \cdots & \vdots \\ b_{k1} & b_{k2} & \cdots & b_{kn} \end{bmatrix} \begin{bmatrix} x_1 \\ x_2 \\ \vdots \\ x_n \end{bmatrix}
$$
(3.5.6)

となりますが，ここで行列の積の定義を使って積を計算すれば

$$
\begin{bmatrix} z_1 \\ z_2 \\ \vdots \\ z_m \end{bmatrix} =
$$

$$
\begin{bmatrix} a_{11}b_{11}+\cdots+a_{1k}b_{k1} & a_{11}b_{12}+\cdots+a_{1k}b_{k2} & \cdots & a_{11}b_{1n}+\cdots+a_{1k}b_{kn} \\ a_{21}b_{11}+\cdots+a_{2k}b_{k1} & a_{21}b_{12}+\cdots+a_{2k}b_{k2} & \cdots & a_{21}b_{1n}+\cdots+a_{2k}b_{kn} \\ \vdots & \vdots & \vdots & \vdots \\ a_{m1}b_{11}+\cdots+a_{mk}b_{k1} & a_{m1}b_{12}+\cdots+a_{mk}b_{k2} & \cdots & a_{m1}b_{1n}+\cdots+a_{mk}b_{kn} \end{bmatrix} \begin{bmatrix} x_1 \\ x_2 \\ \vdots \\ x_n \end{bmatrix}
$$
(3.5.7)

が得られます．式(3.5.5) と式(3.5.7) を見比べれば両者は一致していることがわかります．このことは，合成写像を行う場合には行列の積を計算すればよいことを示しています．あるいは逆にこのような関係を満たすように積が定義されているともいえます．

　さて，正方行列の写像において，行列式の意味は変換による面積（体積）の拡大（縮小）率でした．このことから，おなじサイズの正方形行列 A と B の写像を続けて行ったとき，まず行列 A によってもとの領域の面積（体積）は $|A|$ 倍され，さらに行列 B によって $|B|$ 倍されるため，最終的には $|A||B|$ 倍されることになります．一方,この写像を合成写像とみなした場合には,面積（体積）は $|AB|$ 倍されたことになります．両者は等しいため，

$$
|AB| = |A||B|
$$
(3.5.8)

が成り立つことがわかります．特に B として A の逆行列をとれば，単位行列の行列式の値が 1 であることを用いて

$$1 = |I| = |AA^{-1}| = |A||A^{-1}| \quad \text{すなわち} \quad |A^{-1}| = 1/|A| \qquad (3.5.9)$$

となることがわかります.

Example 3.5.1

式(3.5.8) を $(2,2)$ 行列で確かめなさい.

[**Answer**]

$$|A||B| = \begin{vmatrix} a & b \\ c & d \end{vmatrix} \begin{vmatrix} e & f \\ g & h \end{vmatrix} = (ad - bc)(eh - fg)$$

$$|AB| = \begin{vmatrix} ae + bg & af + bh \\ ce + dg & cf + dh \end{vmatrix} = (ae + bg)(cf + dh) - (af + bh)(ce + dg)$$

$$= bc(fg - eh) - ad(fg - eh) = (ad - bc)(eh - fg)$$

3.6　1次独立と1次従属

いくつかのベクトルをそれぞれスカラー倍して足し合わせたもの，すなわち

$$\sum_{i=1}^{n} c_i \vec{x}_i = c_1 \vec{x}_1 + c_2 \vec{x}_2 + \cdots + c_n \vec{x}_n$$

をベクトルの**1次結合**または**線形結合**とよんでいます．いま n 個のベクトルの線形結合を考えそれらが0ベクトルになったとします．すなわち

$$c_1 \vec{x}_1 + c_2 \vec{x}_2 + \cdots + c_n \vec{x}_n = 0 \qquad (3.6.1)$$

とします．この関係式が $c_1 = \cdots = c_n = 0$ のときに限って成り立つとき，n 個のベクトル $\vec{x}_1, \cdots, \vec{x}_n$ は**1次独立**であるといいます．1次独立でないとき，すなわち式(3.6.1) を満足する0でない係数が存在するとき，n 個のベクトルは**1次従属**であるといいます．1次従属の場合は，たとえば $c_k \neq 0$ として

$$\vec{x}_k = -\frac{1}{c_k}(c_1 \vec{x}_1 + \cdots + c_{k-1} \vec{x}_{k-1} + c_{k+1} \vec{x}_{k+1} + \cdots + c_n \vec{x}_n)$$

というように1つまたはそれ以上のベクトルが残りのベクトルの線形結合で表されます．

　2つの 0 でない 3 次元ベクトルを $\vec{x}_1$, $\vec{x}_2$ としたとき，もし $\vec{x}_2$ が $\vec{x}_1$ の定数倍でなければ，$\vec{x}_1$ と $\vec{x}_2$ はひとつの平面を定めます．さらに，α と β をスカラーとした場合，ベクトル

$$\vec{w} = \alpha\vec{x}_1 + \beta\vec{x}_2$$

は同じ平面内にあります．2次元平面は3次元空間の一部分であると考えられるため，平面を3次元空間の**部分空間**とよびます．すなわち，α と β を任意に変化させたとき $\vec{w}$ のつくる集合 S が部分空間です．

　この概念を一般化して，0 でない n 次元ベクトル $\vec{x}_1,\cdots,\vec{x}_m\,(m<n)$ に対して

$$S = \{\vec{w}; \vec{w} = \sum_{j=1}^{m} a_j\vec{x}_j\}, \quad (\text{ただし } \vec{x}_j \text{ は } n \text{ 次元ベクトル，} a_j \text{ は実数})$$

(3.6.2)

を $\vec{x}_1,\cdots,\vec{x}_m$ によって張られる部分空間といいます．この集合 S は

$$\vec{u},\vec{v}: S \text{ の要素であれば } \alpha\vec{u} + \beta\vec{v} \text{ も } S \text{ の要素}$$

(3.6.3)

という条件を満たします．（この事実を S は n 次元空間の部分空間といいます．）特にベクトル $\vec{x}_1,\cdots,\vec{x}_m$ が1次独立であればこれらを S の**基底**とよびます[*1].

　m 個の m 次元ベクトル $\vec{x}_1,\cdots,\vec{x}_m$ が1次独立であるとします．このとき，A が正則（すなわち $|A| \neq 0$）であるならば，線形変換で移った先の m 個のベクトル $A\vec{x}_1,\cdots,A\vec{x}_m$ も1次独立になります．なぜなら

$$a_1 A\vec{x}_1 + \cdots + a_m A\vec{x}_m = 0$$

が成り立てば，

$$a_1 A\vec{x}_1 + \cdots + a_m A\vec{x}_m = A(a_1\vec{x}_1 + \cdots + a_m\vec{x}_m) = 0$$

より

$$a_1\vec{x}_1 + \cdots + a_m\vec{x}_m = 0$$

となりますが，$\vec{x}_1,\cdots,\vec{x}_m$ は1次独立なので $a_1 = \cdots = a_m = 0$ が結論できます．

　逆に A が正則で，m 個のベクトル $A\vec{x}_1,\cdots,A\vec{x}_m$ が1次独立であるとします．

[*1]　ある空間内に1次独立なベクトルが m 個とれるものの，新たにベクトル $\vec{u}$ をとると，それが1次従属になるとき（すなわち，$\vec{u} = c_1\vec{x}_1 + \cdots + c_m\vec{x}_m$ となるとき），この空間は m 次元であるといいます．いいかえれば，空間における線形独立なベクトルの最大個数がその空間の次元になります．

このとき，m 個のベクトル $\vec{x}_1,\cdots,\vec{x}_m$ も 1 次独立になります．なぜなら

$\qquad a_1\vec{x}_1+\cdots+a_m\vec{x}_m = 0$

のとき

$\qquad A(a_1\vec{x}_1+\cdots+a_m\vec{x}_m) = a_1A\vec{x}_1+\cdots+a_mA\vec{x}_m = 0$

ですが，仮定から $A\vec{x}_1,\cdots,A\vec{x}_m$ は 1 次独立なので $a_1 = \cdots = a_m = 0$ となります．

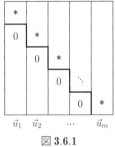

図 **3.6.1**

　この事実を用いれば，$\vec{x}_1,\cdots,\vec{x}_m$ が 1 次独立かどうか，また 1 次独立でない場合にはそのうちどれが 1 次独立であるかを判定することができます．具体的にはベクトル $\vec{x}_1,\cdots,\vec{x}_m$ から行列 $B = [\vec{x}_1,\cdots,\vec{x}_m]$ をつくり，これに行基本変形を行って階段型行列にします．このとき図 3.6.1 に示すように m 段の階段になれば $\vec{x}_1,\cdots,\vec{x}_m$ は 1 次独立であるといえます．すなわち，図の各列を表すベクトル $\vec{u}_j\,(j = 1 \sim m)$ は 1 次独立になります．なぜなら

$$\sum_{j=1}^{m} a_j\vec{u}_j = 0$$

から解は

$\qquad a_1 = \cdots = a_m = 0$

となるからです．一方，行基本変形には特殊な正則行列(式(1.3.4)，(1.3.5)，(1.3.6))を乗ずることと同じであるので，上に述べたことから $\vec{x}_1,\cdots,\vec{x}_m$ も 1 次独立になります．

　次に階段の数がr段（$r < m$）になったとすると1次独立なベクトルはr個になります．そして，階段の角にあたる列をjとすれば各$\vec{x}_j$は1次独立です．それ以外のベクトルは着目している段より左側の1次独立なベクトルの線形結合で表されます．

　たとえば4つのベクトルを考えた場合，図3.6.2のようになったときは$\vec{u}_3$は$\vec{u}_1$と$\vec{u}_2$で表されます．したがって，$\vec{x}_3$も$\vec{x}_1$と$\vec{x}_2$で表すことができます．その結果，1次独立なベクトルは$\vec{x}_1$，$\vec{x}_2$，$\vec{x}_4$になります．一方，図3.6.3のようになったとすれば，独立なベクトルは$\vec{u}_1$と$\vec{u}_2$だけなので，$\vec{x}_1$と$\vec{x}_2$が独立で$\vec{x}_3$と$\vec{x}_4$は$\vec{x}_1$と$\vec{x}_2$の線形結合で表せます．

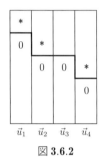

図 3.6.2

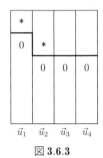

図 3.6.3

　行列Bのランクの求め方を思い出せば，上述のことから行列Bのランクとは行列Bを構成する列ベクトルの中で1次独立なベクトルの最大数であるともいえます．したがって，行列Bのランクとは列ベクトルが張る空間の次元のことであり，また線形写像で考えれば，行列Bが表す線形写像の像空間の次元を表すことになります．

　なお，上で述べたことは「列」を「行」でおきかえても成り立ちます．

Example 3.6.1

　次の3つのベクトルが1次独立かどうかを調べなさい．

$$\vec{x}_1 = \begin{bmatrix} 2 \\ 1 \\ 3 \end{bmatrix}, \quad \vec{x}_2 = \begin{bmatrix} 3 \\ 0 \\ 1 \end{bmatrix}, \quad \vec{x}_3 = \begin{bmatrix} 0 \\ 1 \\ 2 \end{bmatrix}$$

[Answer]

式(3.6.1) をこのベクトルについて書き下すと，係数 c_1, c_2, c_3 に対する連立 3 元 1 次方程式

$$2c_1 + 3c_2 = 0$$
$$c_1 + c_3 = 0$$
$$3c_1 + c_2 + 2c_3 = 0$$

が得られます．そこで，この方程式を行列の行基本変形を行ってガウスの消去法で解けば

$$\begin{bmatrix} 2 & 0 & 3 & 0 \\ 1 & 0 & 1 & 0 \\ 3 & 1 & 2 & 0 \end{bmatrix} \rightarrow \begin{bmatrix} 2 & 0 & 3 & 0 \\ 0 & 0 & -1/2 & 0 \\ 0 & 1 & -5/2 & 0 \end{bmatrix} \rightarrow \begin{bmatrix} 2 & 0 & 3 & 0 \\ 0 & 1 & -5/2 & 0 \\ 0 & 0 & -1/2 & 0 \end{bmatrix}$$

となり，これから $c_1 = c_2 = c_3 = 0$ となります．したがって，これらのベクトルは 1 次独立です．

なお，この結論はクラメルの公式からもいえます．上の連立 3 元 1 次方程式からつくった行列式を計算すると

$$\begin{vmatrix} 2 & 0 & 3 \\ 1 & 0 & 1 \\ 3 & 1 & 2 \end{vmatrix} = 0 + 0 + 3 - 2 - 0 - 0 = 1$$

となり，0 ではありません．一方，右辺はすべて 0 なので，クラメルの公式の分子にあたる部分はすべて 0 です．したがって解は $c_1 = c_2 = c_3 = 0$ となります．

Problems   Chapter 3

1. 次の1次変換行列の意味を考えなさい.

(a) $\begin{bmatrix} 0 & -1 \\ 1 & 0 \end{bmatrix}$　　(b) $\begin{bmatrix} 0 & -1 \\ -1 & 0 \end{bmatrix}$　　(c) $\begin{bmatrix} 0 & 1 & 0 \\ 1 & 0 & 0 \\ 0 & 0 & 1 \end{bmatrix}$

2. 次の1次変換行列の意味を考えなさい.

$$\begin{bmatrix} \cos\theta & \sin\theta \\ \sin\theta & -\cos\theta \end{bmatrix} = \begin{bmatrix} \cos\theta & -\sin\theta \\ \sin\theta & \cos\theta \end{bmatrix} \begin{bmatrix} 1 & 0 \\ 0 & -1 \end{bmatrix}$$

3. 3次元空間において, 次の操作に対応する変換行列を求めなさい.

   (a) yz 面に対する対称移動

   (b) y 軸に対する対称移動

   (c) 原点に対する対称移動

4. 次の3つのベクトルが1次独立かどうか調べなさい.

$$\vec{x}_1 = \begin{bmatrix} 1 \\ -2 \\ 3 \end{bmatrix}, \quad \vec{x}_2 = \begin{bmatrix} 2 \\ 5 \\ -3 \end{bmatrix}, \quad \vec{x}_3 = \begin{bmatrix} 3 \\ -1 \\ 4 \end{bmatrix}$$

Chapter 4

固有値と固有ベクトル

4.1 固有値と固有ベクトル

行列 A にベクトル $\vec{x}$ を掛けたとき

$$A\vec{x} = \lambda \vec{x} \tag{4.1.1}$$

が成り立つとします。ただし，λ は定数です。**Chapter 3** で述べたように，行列にベクトルを掛けるということは，ベクトル $\vec{x}$ に線形変換を行ってある空間から別の空間のベクトルに写像することを意味します。したがって，式 (4.1.1) は写像をおこなったとき，写像後のベクトルがもとのベクトルの定数倍になっていることを意味します。

式 (4.1.1) を満足する $\vec{x}$ は行列 A によって決まる特別なベクトルであり，その行列に固有なベクトルという意味で**固有ベクトル**とよばれています。また対応する定数 λ は**固有値**といいます。固有値と固有ベクトルは以下のように定義に従って計算で求めることができます。このことを

$$A = \begin{bmatrix} 1 & -3 \\ -3 & 1 \end{bmatrix}$$

を例にとって説明します。

いま固有値を λ，固有ベクトルを

$$\begin{bmatrix} x_1 \\ x_2 \end{bmatrix}$$

とすれば，定義から

$$\begin{bmatrix} 1 & -3 \\ -3 & 1 \end{bmatrix} \begin{bmatrix} x_1 \\ x_2 \end{bmatrix} = \lambda \begin{bmatrix} x_1 \\ x_2 \end{bmatrix}$$

が成り立ちます。これは連立 2 元 1 次方程式

$$\begin{cases} x_1 - 3x_2 = \lambda\, x_1 \\ -3x_1 + x_2 = \lambda\, x_2 \end{cases} \quad \text{すなわち} \quad \begin{cases} (1-\lambda)x_1 - 3x_2 = 0 \\ -3x_1 + (1-\lambda)x_2 = 0 \end{cases}$$

を意味しています．一方，この方程式は右辺が 0 であるため，一見，自明な解 $x_1 = 0, x_2 = 0$ だけしかもたないようにみえます．しかし，クラメルの公式からもわかるように，係数から作った行列式が 0 の場合には，0 以外の解をもつ可能性があります．このとき

$$\begin{vmatrix} 1-\lambda & -3 \\ -3 & 1-\lambda \end{vmatrix} = 0$$

であり，λ に関する 2 次方程式

$$(1-\lambda)^2 - 9 = \lambda^2 - 2\lambda - 8 = (\lambda + 2)(\lambda - 4) = 0$$

が得られます．そこでこの方程式を解けば

$$\lambda_1 = -2, \quad \lambda_2 = 4$$

となるため，これらが固有値になります．固有値を求めるときに用いた

　　　行列式 $= 0$

という方程式は**固有方程式**とよばれています．

　次に固有値に対する固有ベクトルを求めてみます．まず $\lambda_1 = -2$ に対して固有ベクトルの定義式は

$$\begin{bmatrix} 1 & -3 \\ -3 & 1 \end{bmatrix} \begin{bmatrix} x_1 \\ x_2 \end{bmatrix} = -2 \begin{bmatrix} x_1 \\ x_2 \end{bmatrix}$$

となります．左辺の積を計算すると

$$x_1 - 3x_2 = -2x_1$$
$$-3x_1 + x_2 = -2x_2$$

となりますが，これはどちらも同じ方程式

$$x_1 - x_2 = 0$$

を意味しています．この方程式を解くと，c を任意の数として

$$x_1 = c, \; x_2 = c$$

が得られます．

同様に $\lambda_2 = 4$ に対して定義式は

$$\begin{bmatrix} 1 & -3 \\ -3 & 1 \end{bmatrix} \begin{bmatrix} x_1 \\ x_2 \end{bmatrix} = 4 \begin{bmatrix} x_1 \\ x_2 \end{bmatrix}$$

となり，これから1つの方程式

$$x_1 + x_2 = 0$$

が得られます．そこで c を任意の数として

$$x_1 = c, \quad x_2 = -c$$

という解が得られます．したがって，たとえば $c = 1$ ととって A には2つの固有ベクトル $(1,1)^T, (1,-1)^T$ があることがわかります．

このように，2行2列の行列では，固有方程式は2次方程式になります．一方，2次方程式は重根をもつ場合があります．その場合の取り扱いを次の Example で示すことにします．

Example 4.1.1

次の行列の固有値，固有ベクトルを求めなさい．

$$\begin{bmatrix} 1 & a \\ 0 & 1 \end{bmatrix}$$

[Answer]

$a = 0$ のとき $\lambda = 1$（重根）　$\vec{x}_1 = (1,0)^T$, 　$\vec{x}_2 = (0,1)^T$

$a \neq 0$ のとき $\lambda = 1$（重根）　$\vec{x}_1 = (1,0)$　（固有ベクトルは1つ）

このように

Point

固有方程式の根が重根になった場合には，独立な固有ベクトルが2つ存在する場合と1つしか存在しない場合がある

ことがわかります．一方，後述するように異なった固有値に対する固有ベクトルは必ず独立になっています．

2行2列で述べた固有値および固有ベクトルの求め方は行列が大きくなっ
てもそのまま適用できます．概略を記すと次のようになります．(n,n) の正方行
列 A の固有ベクトルを $\vec{x}$，固有値を λ とすれば，定義から

$$A\vec{x} = \lambda\vec{x} \tag{4.1.2}$$

を満たしますが，これは I を単位行列として

$$(A - \lambda I)\vec{x} = 0 \tag{4.1.3}$$

と書き換えられます．この式を連立1次方程式の形に書くと

$$
\begin{bmatrix}
a_{11} - \lambda & a_{12} & \cdots & a_{1n} \\
a_{21} & a_{22} - \lambda & \cdots & a_{2n} \\
\vdots & \vdots & \vdots & \vdots \\
a_{n1} & a_{n2} & \cdots & a_{nn} - \lambda
\end{bmatrix}
\begin{bmatrix}
x_1 \\
x_2 \\
\vdots \\
x_n
\end{bmatrix}
= 0 \tag{4.1.4}
$$

となりますが，この方程式が自明でない解，すなわち $\vec{x} = 0$ 以外の解をもつ
ためには，係数から作った行列式が 0 である必要があります．このことから，
固有方程式

$$
|A - \lambda I| =
\begin{vmatrix}
a_{11} - \lambda & a_{12} & \cdots & a_{1n} \\
a_{21} & a_{22} - \lambda & \cdots & a_{2n} \\
\vdots & \vdots & \vdots & \vdots \\
a_{n1} & a_{n2} & \cdots & a_{nn} - \lambda
\end{vmatrix}
= 0 \tag{4.1.5}
$$

が得られます．この方程式は n 次方程式であり，それを解けば（重複したも
のはその数だけ数えるとして）n 個の解が得られます．そこで，その解を式
（4.1.2）に代入して，今度は $\vec{x}$ を求めます．n 個の固有値がすべて異なってい
れば，以下に示すように対応する n 個の固有ベクトルは独立になります．固
有値が重根である場合には，その固有値に対して重複度と等しい個数の独立な
固有ベクトルがある場合とそれより少ない場合とがあります．以下に

Point

A が r 個の相異なる固有値をもつならば，対応する r 個の固有ベクトル
は 1 次独立である

という事実を，数学的帰納法を使って証明しておきます．

$r = 1$ のときは明らかなので，$r-1$ まで成り立ったとします．すなわち，相異なる $r-1$ 個の固有値 $\lambda_1, \cdots, \lambda_{r-1}$ に対応する固有ベクトル $\vec{f_1}, \cdots, \vec{f_{r-1}}$ が 1 次独立であると仮定します．いま，

$$\alpha_1 \vec{f_1} + \cdots + \alpha_{r-1} \vec{f_{r-1}} + \alpha_r \vec{f_r} = 0 \tag{4.1.6}$$

という関係があったとします．この式に A を左から掛けて $A\vec{f_1} = \lambda_1 \vec{f_1}, \cdots$ を考慮すれば

$$\alpha_1 \lambda_1 \vec{f_1} + \cdots + \alpha_{r-1} \lambda_{r-1} \vec{f_{r-1}} + \alpha_r \lambda_r \vec{f_r} = 0 \tag{4.1.7}$$

となります．式(4.1.6) に λ_r をかけて上式から引けば

$$\alpha_1 (\lambda_1 - \lambda_r) \vec{f_1} + \cdots + \alpha_{r-1} (\lambda_{r-1} - \lambda_r) \vec{f_{r-1}} = 0 \tag{4.1.8}$$

となりますが，$\vec{f_1}, \cdots, \vec{f_{r-1}}$ が独立で，$\lambda_r \neq \lambda_i \, (i = 1, \cdots, r-1)$ という仮定を用いれば，$\alpha_1 = \cdots = \alpha_{r-1} = 0$ となります．これと式(4.1.7) から $\alpha_r = 0$ となり，式(4.1.6) の係数はすべて 0，すなわち $\vec{f_i}$ は 1 次独立であることがわかります．

4.2　行列の対角化

　行列の固有値や固有ベクトルはいろいろなところで応用されます．たとえば固有ベクトルを用いれば行列を対角行列に変換できますが，本節ではそのことについて述べることにします．

　4.1 節で取り上げた行列

$$A = \begin{bmatrix} 1 & -3 \\ -3 & 1 \end{bmatrix}$$

をもう一度例に取り上げます．この行列の固有値と固有ベクトルは

$$\lambda_1 = -2, \ \vec{x_1} = \begin{bmatrix} 1 \\ 1 \end{bmatrix}, \quad \lambda_2 = 4, \ \vec{x_2} = \begin{bmatrix} 1 \\ -1 \end{bmatrix}$$

でした．ただし，固有ベクトルには定数 c の任意性があり，ここでは $c = 1$ としていますが何をとっても同じです．いま，この 2 つの固有ベクトルを列ベクトルとするような行列および 2 つの固有値を対角線に並べた行列

$$P = \begin{bmatrix} 1 & 1 \\ 1 & -1 \end{bmatrix}, \quad \Lambda = \begin{bmatrix} -2 & 0 \\ 0 & 4 \end{bmatrix}$$

をつくってみます．このとき

$$AP = \begin{bmatrix} 1 & -3 \\ -3 & 1 \end{bmatrix} \begin{bmatrix} 1 & 1 \\ 1 & -1 \end{bmatrix} = \begin{bmatrix} -2 & 4 \\ -2 & -4 \end{bmatrix}$$

$$= \begin{bmatrix} 1 & 1 \\ 1 & -1 \end{bmatrix} \begin{bmatrix} -2 & 0 \\ 0 & 4 \end{bmatrix} = P\Lambda$$

すなわち

$$A[\vec{x}_1, \vec{x}_2] = [\lambda_1 \vec{x}_1, \lambda_2 \vec{x}_2] = [\vec{x}_1, \vec{x}_2]\Lambda$$

が成り立っています．さらに，P の逆行列

$$P^{-1} = \begin{bmatrix} 1/2 & 1/2 \\ 1/2 & -1/2 \end{bmatrix}$$

を上式の左から掛ければ，逆行列の定義から $P^{-1}AP = P^{-1}P\Lambda = \Lambda$ であり，具体的に計算しても

$$P^{-1}AP = \begin{bmatrix} 1/2 & 1/2 \\ 1/2 & 1/2 \end{bmatrix} \begin{bmatrix} 1 & -3 \\ -3 & 1 \end{bmatrix} \begin{bmatrix} 1 & 1 \\ 1 & -1 \end{bmatrix} = \begin{bmatrix} -2 & 0 \\ 0 & 4 \end{bmatrix} = \Lambda$$

となります．このことは，もとの行列に固有ベクトルから作った行列とその逆行列を右および左から掛けると，もとの行列は固有値を対角要素とする対角行列になることを意味しています．なお，固有方程式が重根をもつ場合については後述します．

　次に行列の大きさが n の一般の場合を考えます．簡単のため (n, n) 行列 A が n 個の異なる固有ベクトル $\vec{f}_i$ $(i = 1, \cdots, n)$ をもつとして，対応する固有値を λ_i とします．固有値および固有ベクトルの定義から

$$A\vec{f}_i = \lambda_i \vec{f}_i \quad (i = 1, \cdots, n) \tag{4.2.1}$$

となります．このことは，固有ベクトルを並べて作った行列 $F = [\vec{f}_1, \vec{f}_2, \cdots, \vec{f}_n]$ に対して

$$AF = F\Lambda \tag{4.2.2}$$

と書けることを意味しています．ただし

$$\Lambda = \begin{bmatrix} \lambda_1 & 0 & \cdots & 0 \\ 0 & \lambda_2 & \cdots & 0 \\ \vdots & \vdots & \cdots & \vdots \\ 0 & 0 & \cdots & \lambda_n \end{bmatrix} \tag{4.2.3}$$

です．一方，Pは独立なベクトルからつくられているため正則であり，逆行列が存在します．そこで式（4.2.2）の左からFの逆行列をかければ

$$F^{-1}AF = F^{-1}F\Lambda = \Lambda \tag{4.2.4}$$

となります．このことは行列AがFおよびPの逆行列を用いた変換により対角化されたことを意味しています．$S^{-1}AS$の形の変換を**相似変換**とよんでいます．

　固有値が重複している場合でも，独立な固有ベクトルをもてば，行列を対角化することができます．実際，行列

$$A = \begin{bmatrix} 0 & 1 & 1 \\ 1 & 0 & 1 \\ 1 & 1 & 0 \end{bmatrix}$$

の固有値は2，-1（重根）ですが，3つの固有ベクトル

$$\vec{x}_1 = \begin{bmatrix} 1 \\ 1 \\ 1 \end{bmatrix}, \quad \vec{x}_2 = \begin{bmatrix} -1 \\ 1 \\ 0 \end{bmatrix}, \quad \vec{x}_3 = \begin{bmatrix} -1 \\ 0 \\ 1 \end{bmatrix}$$

をもつことが確かめられます．そこで固有ベクトルを列ベクトルとする行列を作ると

$$P = \begin{bmatrix} 1 & -1 & -1 \\ 1 & 1 & 0 \\ 1 & 0 & 1 \end{bmatrix}$$

となります．そして，この行列の逆行列を求めれば

$$P^{-1} = \frac{1}{3}\begin{bmatrix} 1 & 1 & 1 \\ -1 & 2 & -1 \\ -1 & -1 & 2 \end{bmatrix}$$

となります。これらを使えば

$$
P^{-1}AP = \frac{1}{3}
\begin{bmatrix}
1 & 1 & 1 \\
-1 & 2 & -1 \\
-1 & -1 & 2
\end{bmatrix}
\begin{bmatrix}
0 & 1 & 1 \\
1 & 0 & 1 \\
1 & 1 & 0
\end{bmatrix}
\begin{bmatrix}
1 & -1 & -1 \\
1 & 1 & 0 \\
1 & 0 & 1
\end{bmatrix}
$$

$$
=
\begin{bmatrix}
2 & 0 & 0 \\
0 & -1 & 0 \\
0 & 0 & -1
\end{bmatrix}
$$

となり，確かに行列は対角化されることがわかります。

　前節にも述べましたが，A が n 個の相異なる固有値をもてば，n 個の異なる固有ベクトルをもつため，A は対角化可能であることがわかります。

（1）　相似変換の意味
　n 次元空間の任意の n 次元ベクトル $\vec{x}$ は，1 次独立な n 個の n 次元ベクトル $\vec{f_1}, \cdots, \vec{f_n}$ を用いて

$$
\vec{x} = x'_1 \vec{f_1} + \cdots + x'_n \vec{f_n} \tag{4.2.5}
$$

と表されます。$\vec{f_1}, \cdots, \vec{f_n}$ をこの順にならべてつくった行列を F とすれば上式は

$$
\vec{x} = F\vec{x}', \quad \vec{x}' = (x'_1, \cdots, x'_n)^T \tag{4.2.6}
$$

と書けます。一方，別の行列 A により n 次元ベクトル $\vec{x}$ が $\vec{y}$ に線形写像されたとすれば $\vec{y} = A\vec{x}$ と書けますが，$\vec{y} = F\vec{y}'$ によって $\vec{y}'$ を定義すれば

$$
F\vec{y}' = AF\vec{x}', \quad \text{したがって} \quad \vec{y}' = F^{-1}AF\vec{x}' \tag{4.2.7}
$$

となります。ただし，F は正則であることを用いています。上式は $\vec{x} \to \vec{y}$ の対応関係 $\vec{y} = A\vec{x}$ が与えられているとき，$\vec{x}' \to \vec{y}'$ の対応関係を与える式になっています。このような意味で，A と $F^{-1}AF$ は相似であるとよばれ，A を $F^{-1}AF$ に対応させる変換を相似変換といいます。

（2） 固有値の性質

（a） A が正則かつ $A\vec{f} = \lambda\vec{f}$ ならば $\vec{f} = \lambda A^{-1}\vec{f}$ であり，したがって

$$A^{-1}\vec{f} = \lambda^{-1}\vec{f} \tag{4.2.8}$$

となります．すなわち，A の逆行列は A と同じ固有ベクトルをもち，また固有値は逆数になります．

（b） F が正則で，$A\vec{f} = \lambda\vec{f}$ ならば，両辺に F^{-1} を掛けて $FF^{-1} = I$ を用いると

$$F^{-1}AF(F^{-1}\vec{f}) = \lambda(F^{-1}\vec{f})$$

となります．すなわち，A に相似変換をおこなって，$B = F^{-1}AF$ としても，B と A は同じ固有値をもちます．また B の固有ベクトルは A の固有ベクトル $\vec{f}$ を用いて $F^{-1}\vec{f}$ と表されます．

行列の対角化はいろいろなところで応用されますが，ここでは一例として行列 A のベキ乗の求め方を示します．ただし A は相似変換により対角化されると仮定します．このとき式(4.2.4) の両辺に左から F，右から F^{-1} をかければ

$$A = F\Lambda F^{-1}$$

となります．そこで

$$A^m = F\Lambda F^{-1}F\Lambda F^{-1}F\Lambda F^{-1}\cdots F\Lambda F^{-1}F\Lambda F^{-1} = F\Lambda^m F^{-1} \tag{4.2.9}$$

となります．一方，対角行列に対しては

$$\Lambda^m = \begin{bmatrix} \lambda_1^m & 0 & \cdots & 0 \\ 0 & \lambda_2^m & \cdots & 0 \\ \vdots & \vdots & \vdots & \vdots \\ 0 & 0 & \cdots & \lambda_n^m \end{bmatrix} \tag{4.2.10}$$

となるため，A^m を計算するには式(4.2.9) の右辺の３つの行列の積を計算すればよいことになります．

4.3 行列の三角化

正則行列 A から作った連立 1 次方程式 $A\vec{x} = \vec{b}$ は，クラメルの公式から一意の解をもちます．したがって，ガウスの消去法の手続きを行えば上三角行列に変形できます．しかし，たとえ n 次正方行列 A が正則でなくても A は必ず上三角行列にできます(**三角化**といいます).証明には数学的帰納法を用います．

まず $n = 1$ のときはひとつの要素の行列ですが，三角型といえます．次に $n-1$ 次行列が三角化できたと仮定します．n 次正方行列 A の固有値は最低 1 つは存在しますが，それを λ_1 とし，対応する n 次元の固有ベクトルを $\vec{p}_1$ とします（$A\vec{p}_1 = \lambda_1 \vec{p}_1$）．そして，$\vec{p}_1$ および $n-1$ 個のベクトル $\vec{p}_2, \cdots, \vec{p}_n$ を適当にとって正則行列 $[\vec{p}_1 \vec{p}_2 \cdots \vec{p}_n] = P$ を作ります．いま $\vec{e}_1 = (1, 0, \cdots 0)^T$ とすれば $\vec{p}_1 = P\vec{e}_1$ です．したがって，固有値の定義から

$$P^{-1}AP\vec{e}_1 = P^{-1}A\vec{p}_1 = P^{-1}\lambda_1 \vec{p}_1 = \lambda_1 P^{-1}P\vec{e}_1 = \lambda_1 \vec{e}_1$$

となり，$P^{-1}AP$ の第 1 列目は，第 1 要素が λ_1 でその他は 0 であることがわかります．そこで $\vec{b}$ を $n-1$ 元横ベクトル，A_1 を $n-1$ 元正方行列とすれば

$$P^{-1}AP = \begin{bmatrix} \lambda_1 & \vec{b} \\ 0 & A_1 \end{bmatrix} \tag{4.3.1}$$

と書くことができます．ここで帰納法の仮定から A_1 は正則行列 Q により三角化可能であるため

$$Q^{-1}A_1Q = \begin{bmatrix} \lambda_2 & * & \cdots & * \\ 0 & \lambda_3 & \cdots & * \\ \vdots & \vdots & \vdots & \vdots \\ 0 & \cdots & 0 & \lambda_n \end{bmatrix} \tag{4.3.2}$$

が成り立ちます．そこで

$$S = P \begin{bmatrix} 1 & 0 \\ 0 & Q \end{bmatrix} \tag{4.3.3}$$

とおけば

$$S^{-1} = \begin{bmatrix} 1 & 0 \\ 0 & Q^{-1} \end{bmatrix} P^{-1}$$

であるため

$$S^{-1}AS = \begin{bmatrix} 1 & 0 \\ 0 & Q^{-1} \end{bmatrix} P^{-1}AP \begin{bmatrix} 1 & 0 \\ 0 & Q \end{bmatrix}$$

$$= \begin{bmatrix} 1 & 0 \\ 0 & Q^{-1} \end{bmatrix} \begin{bmatrix} \lambda_1 & \vec{b} \\ 0 & A_1 \end{bmatrix} \begin{bmatrix} 1 & 0 \\ 0 & Q \end{bmatrix} = \begin{bmatrix} 1 & 0 \\ 0 & Q^{-1} \end{bmatrix} \begin{bmatrix} \lambda_1 & \vec{b}Q \\ 0 & A_1 Q \end{bmatrix}$$

$$= \begin{bmatrix} \lambda_1 & \vec{b}Q \\ 0 & Q^{-1}A_1 Q \end{bmatrix} = \begin{bmatrix} \lambda_1 & & \vec{b}Q & & \\ 0 & \lambda_2 & * & \cdots & * \\ 0 & 0 & \cdots & & \\ 0 & \vdots & \cdots & \cdots & * \\ 0 & 0 & & 0 & \lambda_n \end{bmatrix}$$

となり，三角化できます.

行列の三角化により次に示す2つの重要な定理が証明できます.

n 次正方行列の固有値を $\lambda_1, \lambda_2, \cdots, \lambda_n$ とすれば，**行列多項式** $f(A)$ の固有値は $f(\lambda_1), f(\lambda_2), \cdots, f(\lambda_n)$ である.（**フロベニウスの定理**）

はじめに k を正の整数として上三角行列 B を k 乗すると，B^k は上三角行列となり，しかも対角要素がそれぞれ k 乗されること，すなわち

$$B^k = \begin{bmatrix} \lambda_1^k & * & * & * \\ 0 & \lambda_2^k & * & * \\ 0 & & & \\ 0 & & 0 & \lambda_n^k \end{bmatrix}$$

となることに注意します. したがって，行列 A を正則行列 P を用いて三角化して $B = P^{-1}AP$ になったとすると

$$P^{-1}A^k P = P^{-1}APP^{-1}AP \cdots P^{-1}AP = (P^{-1}AP)^k = B^k$$

$$= \begin{bmatrix} \lambda_1^k & * & * & * \\ 0 & \lambda_2^k & * & * \\ & 0 & & \\ 0 & & 0 & \lambda_n^k \end{bmatrix}$$

となります．多項式は $a_k A_k$ の形の項を加え合わせたものなので，

$$
P^{-1}f(A)P = \begin{bmatrix} f(\lambda_1) & * & * & * \\ 0 & f(\lambda_2) & * & * \\ \vdots & \vdots & & \\ 0 & & 0 & f(\lambda_n) \end{bmatrix}
$$

となりますが，相似変換により固有値は変化しないため定理が成り立ちます．

この事実を用いれば次の定理を示すことができます：

Point

n 次正方行列 A の固有方程式を $f(\lambda) = 0$ とすれば行列多項式に関し $f(A) = 0$ が成り立つ（**ケーリー・ハミルトンの定理**）

固有方程式 $f(\lambda) = 0$ は固有値 $\lambda_1, \lambda_2, \cdots, \lambda_n$ を用いて

$$
f(\lambda) = (\lambda - \lambda_1)(\lambda - \lambda_2) \cdots (\lambda - \lambda_n) = 0
$$

と表せます．正則行列 P を用いて行列 A を三角化した行列を B とすると

$$
B = P^{-1}AP = \begin{bmatrix} \lambda_1 & * & * & * \\ 0 & \lambda_2 & * & * \\ 0 & & & \\ 0 & & 0 & \lambda_n \end{bmatrix}
$$

となり，これより

$$
B - \lambda_1 I = \begin{bmatrix} 0 & * & * & * \\ 0 & \lambda_2 - \lambda_1 & * & * \\ 0 & & & \\ 0 & & 0 & \lambda_n - \lambda_1 \end{bmatrix}
$$

$$
\cdots
$$

$$
B - \lambda_n I = \begin{bmatrix} \lambda_1 - \lambda_n & * & * & * \\ 0 & \lambda_2 - \lambda_n & * & * \\ 0 & & & \\ 0 & & 0 & 0 \end{bmatrix}
$$

が得られます．したがって

$$f(B) = (B - \lambda_1 I)(B - \lambda_2 I)(B - \lambda_3 I) \cdots (B - \lambda_n I)$$

となりますが，最初の 2 つの項の積で行列の 1, 2 行目がすべて 0，さらに 3 つ目の項を掛けると 1, 2, 3 行目がすべて 0 になり，最終的には 0 となります．したがって次式が成り立ちます．

$$f(A) = Pf(B)P^{-1} = 0$$

4.4　直交行列と 2 次形式

2 つの n 次元ベクトル $\vec{x} = (x_1, \cdots, x_n), \vec{y} = (y_1, \cdots, y_n)$ に対して内積は

$$\vec{x}^T \vec{y} = \sum_{i=1}^{n} x_i y_i = x_1 y_1 + \cdots + x_n y_n \tag{4.4.1}$$

で定義されます．さらにベクトル $\vec{x}$ のノルムを $|\vec{x}|$ と記し

$$|\vec{x}| = \sqrt{\vec{x}^T \vec{x}} = \sqrt{\sum_{i=1}^{n} x_i x_i} \tag{4.4.2}$$

で定義します．2 次元や 3 次元ベクトルを思い出せばノルムはベクトルの長さ（大きさ）に対応することがわかります．

さて，2 つのベクトルの内積が 0 になる場合，これらのベクトルは互いに**直交**するといいます．いま，n 次元空間に n 個の独立なベクトル $\vec{f_1}, \cdots, \vec{f_n}$ があり，それらが互いに直交するとき，すなわち

$$\text{すべての } i \neq j \text{ の組み合わせに対して，} \vec{f_i}^T \vec{f_j} = 0 \tag{4.4.3}$$

が成り立つとき，ベクトル $\vec{f_1}, \cdots, \vec{f_n}$ は（n 次元空間の）**直交基底**であるといいます．その上さらに

$$\text{すべての } i \text{ に対して，} \vec{f_i}^T \vec{f_i} = 1 \tag{4.4.4}$$

であれば**正規直交基底**であるといいます．そして，正規直交基底 $\vec{f_1}, \cdots, \vec{f_n}$ からつくられる行列

$$F = [\vec{f_1}, \cdots, \vec{f_n}] \tag{4.4.5}$$

を**直交行列**とよび，直交行列による写像 $\vec{y} = F\vec{x}$ を**直交変換**といいます．

直交行列 F に対して，その定義から

$$F^T F = I \tag{4.4.6}$$

が成り立ちます．そして，上式と逆行列の定義 $F^{-1}F = I$ から $F^{-1} = F^T$ となるため，直交行列 F による A の相似変換は

$$F^T A F \qquad (4.4.7)$$

と書けます．これを**直交相似変換**とよびます．

Example 4.4.1

　3次元空間において任意に定めた1次独立なベクトル $\vec{a}_1, \vec{a}_2, \vec{a}_3$ に対して次のようなベクトルを求めなさい．

(1)　$\vec{a}_1$ と向きが同じで長さが1のベクトル $\vec{e}_1$

(2)　$\vec{e}_1, \vec{a}_2$ の1次結合で，$\vec{e}_1$ に直交し，長さ1のベクトル $\vec{e}_2$

(3)　$\vec{e}_1$ と $\vec{e}_2$ の両方に直交し，長さ1のベクトル $\vec{e}_3$

[Answer]

(1)　$\vec{e}_1 = \vec{a}_1 / |\vec{a}_1|$

(2)　$\vec{e}_2 = \alpha \vec{e}_1 + \beta \vec{a}_2$ とおくと $(\vec{e}_1, \vec{e}_2) = (\vec{e}_1, \alpha \vec{e}_1 + \beta \vec{a}_2) = 0$

　　$\alpha(\vec{e}_1, \vec{e}_1) + \beta(\vec{a}_2, \vec{e}_1) = 0$ より $\alpha = -\beta(\vec{a}_2, \vec{e}_1)$

したがって $\vec{e}_2 = \beta(\vec{a}_2 - (\vec{a}_2, \vec{e}_1)\vec{e}_1)$ より

$$\vec{e}_2 = \pm \frac{\vec{a}_2 - (\vec{a}_2, \vec{e}_1)\vec{e}_1}{|\vec{a}_2 - (\vec{a}_2, \vec{e}_1)\vec{e}_1|}$$

ただし，$\vec{a}_1, \vec{a}_2$ は1次独立であるため，

$$\vec{a}_2 - (\vec{a}_2, \vec{e}_1)\vec{e}_1 = \vec{a}_2 - (\vec{a}_2, \vec{e}_1)\vec{a}_1/|\vec{a}_1| \neq 0$$

を用いました．

(3)　$\vec{e}_3 = \alpha \vec{e}_1 + \beta \vec{e}_2 + \gamma \vec{a}_3$ とおくと

　　$(\vec{e}_1, \vec{e}_3) = (\vec{e}_1, \alpha \vec{e}_1 + \beta \vec{e}_2 + \gamma \vec{a}_3) = 0$

　　$(\vec{e}_2, \vec{e}_3) = (\vec{e}_2, \alpha \vec{e}_1 + \beta \vec{e}_2 + \gamma \vec{a}_3) = 0$

　　$\alpha = -\gamma(\vec{a}_3, \vec{e}_1), \quad \beta = -\gamma(\vec{e}_2, \vec{a}_3) \quad ((\vec{e}_1, \vec{e}_1) = 1, (\vec{e}_1, \vec{e}_2) = 0$ 等を用います$)$

したがって $\vec{e}_3 = \gamma(\vec{a}_3 - (\vec{a}_3, \vec{e}_1)\vec{e}_1 - (\vec{a}_3, \vec{e}_2)\vec{e}_2)$ より

$$\vec{e}_3 = \pm \frac{\vec{a}_3 - (\vec{a}_3, \vec{e}_1)\vec{e}_1 - (\vec{a}_3, \vec{e}_2)\vec{e}_2}{|\vec{a}_3 - (\vec{a}_3, \vec{e}_1)\vec{e}_1 - (\vec{a}_3, \vec{e}_2)\vec{e}_2|}$$

ただし，(2) と同様の理由で $\vec{a}_3 - (\vec{a}_3, \vec{e}_1)\vec{e}_1 - (\vec{a}_3, \vec{e}_2)\vec{e}_2 \neq 0$ を用いました．

この **Examle** と同様にすれば，n 次元空間に n 個の 1 次独立なベクトル $\vec{a}_1, \cdots, \vec{a}_n$ があるとき，これらのベクトルから以下の手順によって正規直交基底がつくれます．

(1) $\vec{b}_1 = \vec{a}_1, \quad \vec{e}_1 = \vec{b}_1/|\vec{b}_1|$

(2) $\vec{b}_2 = \vec{a}_2 - (\vec{a}_2, \vec{e}_1)\vec{e}_1, \quad \vec{e}_2 = \vec{b}_2/|\vec{b}_2|$

(3) $\vec{b}_3 = \vec{a}_3 - (\vec{a}_3, \vec{e}_1)\vec{e}_1 - (\vec{a}_3, \vec{e}_2)\vec{e}_2, \quad \vec{e}_3 = \vec{b}_3/|\vec{b}_3|$ \hfill (4.4.8)

(4) $\vec{b}_n = \vec{a}_n - (\vec{a}_n, \vec{e}_1)\vec{e}_1 - \cdots - (\vec{a}_n, \vec{e}_{n-1})\vec{e}_{n-1}, \quad \vec{e}_n = \vec{b}_n/|\vec{b}_n|$

この手続きを**グラム・シュミットの直交化法**といいます．

転置行列ともとの行列が一致する行列，すなわち $A^T = A$ が成り立つ行列を**対称行列**といいます．この対称行列に対して次の事実が知られています（証明略）．

Point

対称行列は直交相似変換により対角化できる

さらに

Point

n 次の対称行列は n 個の直交する実数の固有ベクトルと実数の固有値をもつ．ただし，固有値は重根の場合もあり得る

■ 2 次形式

n 個の変数 $x_1, \cdots, x_n$ と実数の係数 a_{ij} に対して

$$\sum_{i=1}^{n}\sum_{j=1}^{n} a_{ij} x_i x_j = \vec{x}^T A \vec{x} \tag{4.4.9}$$

を **2 次形式**といいます．ただし，

$$A = [a_{ij}], \quad \vec{x} = (x_1, \cdots, x_n) \tag{4.4.10}$$

であり，$a_{ij} = a_{ji}$ という条件を課すことにします．A は実数の対称行列であるため固有値はすべて実数になりますが，これらを正の値のもの，負の値のもの，

0のものに分類し以下のように並べかえます.

$$\lambda_1, \cdots, \lambda_p > 0, \quad \lambda_{p+1}, \cdots, \lambda_{p+q} < 0, \quad \lambda_{p+q+1} = \cdots = \lambda_n = 0$$

このとき，A は適当な直交変換 P により

$$P^T A P = \begin{bmatrix} \lambda_1 & 0 & \cdots & 0 \\ 0 & \lambda_2 & \cdots & 0 \\ \vdots & \vdots & \ddots & \vdots \\ 0 & 0 & \cdots & \lambda_n \end{bmatrix} \tag{4.4.11}$$

の形に対角化されます. そこで変数変換 $\vec{x} = P\vec{y}$ を行えば，2次形式は

$$\vec{y}^T (P^T A P)\vec{y} = (P\vec{y})^T A(P\vec{y}) = \vec{x}^T A \vec{x}$$

より

$$\lambda_1 y_1^2 + \cdots + \lambda_p y_p^2 + \lambda_{p+1} y_{p+1}^2 + \cdots + \lambda_{p+q} y_{p+q}^2 \tag{4.4.12}$$

と変換されます. さらに正則行列

$$Q = \begin{bmatrix} 1/\sqrt{\lambda_1} & & & & & & & & \\ & \ddots & & & & & & & \\ & & 1/\sqrt{\lambda_p} & & & & & & \\ & & & 1/\sqrt{-\lambda_{p+1}} & & & & & \\ & & & & \ddots & & & & \\ & & & & & 1/\sqrt{-\lambda_{p+q}} & & & \\ & & & & & & 1 & & \\ & & & & & & & \ddots & \\ & & & & & & & & 1 \end{bmatrix} \tag{4.4.13}$$

を用いて $y = Qz$ と変換すれば，2次形式は

$$z_1^2 + \cdots + z_p^2 - z_{p+1}^2 - \cdots - z_{p+q}^2 \tag{4.4.14}$$

と簡略化されます. これを2次形式の**標準形**といいます. なお，2次形式を標準形になおす方法はいろいろありますが，符号は一定であることが知られています.

　具体的に

$$ax^2 + by^2 + cz^2 + 2fxy + 2gyz + 2hzx = d$$

を例にとれば,

$$\vec{x} = \begin{bmatrix} x \\ y \\ z \end{bmatrix}, \quad A = \begin{bmatrix} a & f & h \\ f & b & g \\ h & g & c \end{bmatrix}$$

とおけば, 2 次形式は $\vec{x}^T A \vec{x} = d$ と書け, 前述の直交変換によって

$$\lambda_1 y_1^2 + \lambda_2 y_2^2 + \lambda_3 y_3^2 = d \tag{4.4.15}$$

と書き換えられます. ここで $d > 0$ と仮定した場合,

$\lambda_1 > 0, \lambda_2 > 0, \lambda_3 > 0$ ならば **楕円体**

$\lambda_1 > 0, \lambda_2 > 0, \lambda_3 < 0$ ならば **一葉双曲面**

$\lambda_1 > 0, \lambda_2 < 0, \lambda_3 < 0$ ならば **二葉双曲面**

というように 2 次形式が表す曲面が指定できます (図 4.4.1).

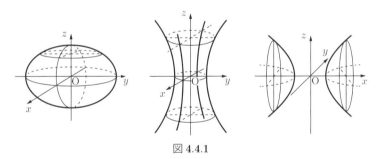

図 4.4.1

Example 4.4.2

2 次形式 $2x_1^2 + 6x_1 x_2 + 2x_2$ を標準形に直しなさい.

[Answer]

$$2x_1^2 + 6x_1 x_2 + 2x_2 = x_1(2x_1 + 3x_2) + x_2(3x_1 + 2x_2)$$

となるため, この式は次のように書けます.

$$\begin{bmatrix} x_1 & x_2 \end{bmatrix} \begin{bmatrix} 2 & 3 \\ 3 & 2 \end{bmatrix} \begin{bmatrix} x_1 \\ x_2 \end{bmatrix}$$

中央の行列の固有値は, 固有方程式

$$\begin{vmatrix} 2-\lambda & 3 \\ 3 & 2-\lambda \end{vmatrix}$$

を解いて，$\lambda = 5, -1$ となり，それぞれの固有値に対する規格化された固有ベクトルを求めれば

$$\frac{1}{\sqrt{2}} \begin{bmatrix} 1 \\ 1 \end{bmatrix}, \quad \frac{1}{\sqrt{2}} \begin{bmatrix} 1 \\ -1 \end{bmatrix}$$

となります．したがって，

$$P = \frac{1}{\sqrt{2}} \begin{bmatrix} 1 & 1 \\ 1 & -1 \end{bmatrix}, \quad Q = \begin{bmatrix} 1/\sqrt{5} & 0 \\ 0 & 1 \end{bmatrix}$$

という変換行列を用いれば

$$P^T A P = 5y_1^2 - y_2^2 \quad (\vec{x} = P\vec{y})$$

または

$$(PQ)^T A (PQ) = z_1^2 - z_2^2 \quad (\vec{y} = Q\vec{z})$$

となります．

4.5　ジョルダン標準形

　n 次行列が n 個の独立な固有ベクトルをもたない場合には相似変換を用いて対角行列に変換できません．そのため，対角化できない行列に対してなるべく対角型に近い行列になるように変換します．そのようにして得られる行列が**ジョルダン標準形**とよばれる行列です．はじめに，$(2,2)$ 行列と $(3,3)$ 行列についてジョルダン標準形を紹介します．

　$(2,2)$ 行列の固有方程式は 2 次であり，固有値も 2 つありますが，2 つの固有値が相異なる場合と重なる場合があります．重なる場合でも独立な固有ベクトルが 2 つとれる場合とひとつしかない場合があります．これらの場合に応じて，もとの行列はそれぞれ次の 3 ケースに変換することができます（**Example 4.1.1** 参照）．

$$\begin{bmatrix} \lambda_1 & 0 \\ 0 & \lambda_2 \end{bmatrix}, \quad \begin{bmatrix} \lambda_1 & 0 \\ 0 & \lambda_1 \end{bmatrix}, \quad \begin{bmatrix} \lambda_1 & 1 \\ 0 & \lambda_1 \end{bmatrix} \tag{4.5.1}$$

これらが $(2,2)$ 行列のジョルダン標準形になります.

　$(3,3)$ 行列の場合は可能性がより多くあります. まず3次の固有方程式が相異なる3つの固有値 $\lambda_1, \lambda_2, \lambda_3$ をもつ場合には, もとの行列は

$$\begin{bmatrix} \lambda_1 & 0 & 0 \\ 0 & \lambda_2 & 0 \\ 0 & 0 & \lambda_3 \end{bmatrix} \tag{4.5.2}$$

に変換できます. 1つの単根 λ_3 と1つの重根 λ_1 の場合には, 重根に対応する独立な固有ベクトルが2つある場合と1つしかない場合で, それぞれ

$$\begin{bmatrix} \lambda_1 & 0 & 0 \\ 0 & \lambda_1 & 0 \\ 0 & 0 & \lambda_3 \end{bmatrix}, \quad \begin{bmatrix} \lambda_1 & 0 & 0 \\ 0 & \lambda_1 & 1 \\ 0 & 0 & \lambda_3 \end{bmatrix} \tag{4.5.3}$$

という形に変換できます. さらに3重根 λ_1 の場合には, 独立な固有ベクトルが3つ, 2つ, 1つに応じてそれぞれ

$$\begin{bmatrix} \lambda_1 & 0 & 0 \\ 0 & \lambda_1 & 0 \\ 0 & 0 & \lambda_1 \end{bmatrix}, \quad \begin{bmatrix} \lambda_1 & 0 & 0 \\ 0 & \lambda_1 & 1 \\ 0 & 0 & \lambda_1 \end{bmatrix}, \quad \begin{bmatrix} \lambda_1 & 1 & 0 \\ 0 & \lambda_1 & 1 \\ 0 & 0 & \lambda_1 \end{bmatrix} \tag{4.5.4}$$

という形に変換できます. これら6つの行列が $(3,3)$ 行列のジョルダン標準形になります.

　一般の行列 A（固有値が重根をもってもよい）に対して, 正則行列 P が存在して

$$P^{-1}AP = \begin{bmatrix} J(\alpha_1, n_1) & 0 & \cdots & 0 \\ 0 & J(\alpha_2, n_2) & \cdots & 0 \\ \cdots\cdots\cdots & \cdots & & \\ 0 & 0 & \cdots & J(\alpha_k, n_k) \end{bmatrix} \tag{4.5.5}$$

という形の行列にできることが知られています. ここで $J(\alpha_i, n_i)$ は**ジョルダンブロック**（ジョルダン細胞）とよばれ

$$J(\alpha_i, n_i) = \begin{bmatrix} \alpha_i & 1 & \cdots & 0 & 0 \\ 0 & \alpha_i & \cdots & 0 & 0 \\ \vdots & \vdots & \ddots & \vdots & \vdots \\ 0 & 0 & \cdots & \alpha_i & 1 \\ 0 & 0 & \cdots & 0 & \alpha_i \end{bmatrix} \qquad (4.5.6)$$

で定義される大きさ n_i のブロック行列であり，α_i は A の固有値を表します．また n_i は α_i が m_i 重根である場合，m_i 以下の正の整数です．

ジョルダンの標準形の求め方の例を示します．3×3 行列の固有値 $\lambda = \alpha$ が3重根であったとします．固有ベクトルが3つとれれば，行列は対角化されます．固有ベクトルが2つしかとれないとき，それらを $\vec{p_1}$ と $\vec{p_2}$ としたとき，もうひとつのベクトル $\vec{p_3}$ を

$$[A - \alpha I]\vec{p_3} = \vec{p_2}$$

をみたすように決めます．このとき，

$$\vec{p_1} = \begin{bmatrix} p_{11} \\ p_{21} \\ p_{31} \end{bmatrix}, \quad \vec{p_2} = \begin{bmatrix} p_{12} \\ p_{22} \\ p_{32} \end{bmatrix}, \quad \vec{p_3} = \begin{bmatrix} p_{13} \\ p_{23} \\ p_{33} \end{bmatrix}$$

$$A\vec{p_1} = \alpha\vec{p_1}$$
$$A\vec{p_2} = \alpha\vec{p_2}$$
$$A\vec{p_3} = \vec{p_2} + \alpha\vec{p_3}$$

を満足します．したがって

$$AP = A\begin{bmatrix} p_{11} & p_{12} & p_{13} \\ p_{21} & p_{22} & p_{23} \\ p_{31} & p_{32} & p_{33} \end{bmatrix} = \begin{bmatrix} \alpha p_{11} & \alpha p_{12} & p_{12} + \alpha p_{13} \\ \alpha p_{21} & \alpha p_{22} & p_{22} + \alpha p_{23} \\ \alpha p_{31} & \alpha p_{32} & p_{32} + \alpha p_{33} \end{bmatrix}$$

$$= \begin{bmatrix} p_{11} & p_{12} & p_{13} \\ p_{21} & p_{22} & p_{23} \\ p_{31} & p_{32} & p_{33} \end{bmatrix}\begin{bmatrix} \alpha & 0 & 0 \\ 0 & \alpha & 1 \\ 0 & 0 & \alpha \end{bmatrix} = P\begin{bmatrix} \alpha & 0 & 0 \\ 0 & \alpha & 1 \\ 0 & 0 & \alpha \end{bmatrix}$$

となります．P は逆行列をもつため

$$P^{-1}AP = \begin{bmatrix} \alpha & 0 & 0 \\ 0 & \alpha & 1 \\ 0 & 0 & \alpha \end{bmatrix} \qquad (4.5.7)$$

というジョルダン標準形に変形できます.

　固有ベクトルが 1 つ $(=\vec{p}_1)$ しかとれない場合には，$\vec{p}_2$ と $\vec{p}_3$ を

$$(A - \alpha I)\vec{p}_2 = \vec{p}_1$$
$$(A - \alpha I)\vec{p}_3 = \vec{p}_2$$

となるように決めます. これから

$$A\vec{p}_1 = \alpha\vec{p}_1$$
$$A\vec{p}_2 = \vec{p}_1 + \alpha\vec{p}_2$$
$$A\vec{p}_3 = \vec{p}_2 + \alpha\vec{p}_3$$

を満足します. したがって

$$
AP = A \begin{bmatrix} p_{11} & p_{12} & p_{13} \\ p_{21} & p_{22} & p_{23} \\ p_{31} & p_{32} & p_{33} \end{bmatrix} = \begin{bmatrix} \alpha p_{11} & p_{11} + \alpha p_{12} & p_{12} + \alpha p_{13} \\ \alpha p_{21} & p_{21} + \alpha p_{22} & p_{22} + \alpha p_{23} \\ \alpha p_{31} & p_{31} + \alpha p_{32} & p_{32} + \alpha p_{33} \end{bmatrix}
$$

$$
= \begin{bmatrix} p_{11} & p_{12} & p_{13} \\ p_{21} & p_{22} & p_{23} \\ p_{31} & p_{32} & p_{33} \end{bmatrix} \begin{bmatrix} \alpha & 1 & 0 \\ 0 & \alpha & 1 \\ 0 & 0 & \alpha \end{bmatrix} = P \begin{bmatrix} \alpha & 1 & 0 \\ 0 & \alpha & 1 \\ 0 & 0 & \alpha \end{bmatrix}
$$

となります. P は逆行列をもつため

$$
P^{-1}AP = \begin{bmatrix} \alpha & 1 & 0 \\ 0 & \alpha & 1 \\ 0 & 0 & \alpha \end{bmatrix} \tag{4.5.8}
$$

というジョルダン標準形に変形できます.

　なお，n を 2 以上の整数としたとき A の固有値 λ に対して

$$(A - \lambda I)^n \vec{x} = 0 \tag{4.5.9}$$

を満たす $\vec{x}$ を**一般固有ベクトル**といいます.

■最小多項式とジョルダン標準形

　行列 A の固有方程式を

$$\varphi(\lambda) = 0 \tag{4.5.10}$$

としたとき，行列 A はケーリー・ハミルトンの定理より

$$\varphi(A) = 0$$

を満たします．固有方程式が因数分解できて，多重根$(=\alpha)$をもち，その重複度がmのとき，この定理から

$$(A-\alpha I)^m = 0$$

であることがわかりますが，m以下の整数nに対して

$$(A-\alpha I)^n = 0$$

が成り立つことがあります．ただし，nとして最小値に着目します（なぜなら$n+1, n+2, \cdots$も上式をみたすからです）．固有方程式が多数の因数をもつときには，各因数に対してnを求めます．そして，それらの積をとって得られる多項式を行列Aの**最小多項式**といいます．

　一般に，最小多項式の各固有値の重複度と，対応するジョルダンブロックの次数（式(4.5.6)のn_i）は一致することが知られています．このことを用いれば上記のPを計算しなくてもジョルダン標準形を求めることができます．

　例として

$$A = \begin{bmatrix} 0 & 1 & -1 \\ 0 & -1 & 0 \\ 1 & 1 & -2 \end{bmatrix}$$

を考えてみます．固有方程式は

$$|A-\lambda I| = \begin{vmatrix} -\lambda & 1 & -1 \\ 0 & -1-\lambda & 0 \\ 1 & 1 & -2-\lambda \end{vmatrix} = -(\lambda+1)^3$$

となるため，固有値は-1（3重根）です．ここで，

$$A-\lambda I = A + I = \begin{bmatrix} 1 & 1 & -1 \\ 0 & 0 & 0 \\ 1 & 1 & -10 \end{bmatrix} \neq 0, \quad (A+I)^2 = 0$$

より，最小多項式は$(\lambda+1)^2$です．そこで，

$$\begin{bmatrix} -1 & 1 \\ 0 & -1 \end{bmatrix}$$

というジョルダンブロックをもちます．もとの行列の次数は3であるため，残

りのジョルダンブロックの次数は $3-2=1$ になるためジョルダン標準形は

$$\begin{bmatrix} -1 & 0 & 0 \\ 0 & -1 & 1 \\ 0 & 0 & -1 \end{bmatrix}$$

となります.

Problems   Chapter 4

1. 次の行列の固有値および固有ベクトルを求めなさい.

   (a) $\begin{bmatrix} -\cos\theta & \sin\theta \\ \sin\theta & \cos\theta \end{bmatrix}$
   　(b) $\begin{bmatrix} 0 & 1 & 2 \\ -1 & 0 & 3 \\ -2 & -3 & 0 \end{bmatrix}$
   　(c) $\begin{bmatrix} 0 & 1 & 1 \\ 1 & 0 & 1 \\ 1 & 1 & 0 \end{bmatrix}$

2. $A = \begin{bmatrix} 1 & -2 & 2 \\ -1 & 3 & -1 \\ -1 & 4 & -2 \end{bmatrix}$

   のとき, $A = P\Lambda P^{-1}$ を満たす相似変換行列 P を求めなさい. ただし、Λ は固有値を対角要素にもつ対称行列です.

   次に $(P^{-1}\Lambda P)^n = P^{-1}\Lambda^n P$ を利用して A^n を求めなさい.

3. 次の 2 次形式を行列形で表現しなさい.

   $3x_1^2 + 4x_1 x_2 - x_2^2$

4. 次の 2 次形式を標準形に直しなさい.

   $5x_1^2 + 4x_2^2 + 5x_3^2 + 4x_1 x_2 + 2x_1 x_3 + 4x_2 x_3$

ベクトル空間と線形写像

A.1　ベクトル空間

　いままでは，話をわかりやすくするため，線形代数（行列と行列式）の具体的な話が中心であり抽象的な話は避けてきました．**Appendix A** では線形代数を抽象的に取り扱います．

　集合 V に属する任意の元 a, b に対して和とスカラー積

$$a + b, \quad \lambda a \tag{A.1.1}$$

がやはり V に属し，和に対して

$$
\begin{aligned}
&(a + b) + c = a + (b + c) &&\text{（結合法則）}\\
&a + b = b + a &&\text{（交換法則）}\\
&a + 0 = a \text{ を満たす } 0 \text{ が存在} &&\text{（0 を\textbf{ゼロ元}といいます）}\\
&a + x = 0 \text{ を満たす } x \text{ が存在} &&\text{（}x \text{ を\textbf{逆元}といいます）}
\end{aligned}
\tag{A.1.2}
$$

スカラー積に対して

$$
\begin{aligned}
&\lambda(a + b) = \lambda a + \lambda b &&\text{（分配法則）}\\
&(\lambda + \mu)a = \lambda a + \mu a &&\text{（分配法則）}\\
&(\lambda \mu)a = \lambda(\mu a) &&\text{（結合法則）}\\
&1a = a
\end{aligned}
\tag{A.1.3}
$$

という条件を満たすとき，V を**ベクトル空間**といいます．特に λ が実数の場合には，V を**実ベクトル空間**，複素数の場合には**複素ベクトル空間**ということがあります．

　平面ベクトル，空間ベクトルは上記の条件を満足しますが，それ以外にもベクトル空間はいくらでも考えられます．例をいくつかあげます．

Example A.1.1

実数を係数とする n 次以下の多項式全体の集合 R_n は，通常の多項式の和，スカラーとの積に対してベクトル空間であることを $n=3$ の場合について確かめなさい．

[Answer]

R_3 の 2 つの要素は

$$a = a_0 + a_1 x + a_2 x^2 + a_3 x^3$$
$$b = b_0 + b_1 x + b_2 x^2 + b_3 x^3$$

と書けます．そこで

$$a + b = (a_0 + b_0) + (a_1 + b_1)x + (a_2 + b_2)x^2 + (a_3 + b_3)x^3$$

となり 3 次式になるため，R_3 の要素になっています．また，スカラー倍（k 倍とします）についても

$$ka = ka_0 + ka_1 x + ka_2 x^2 + ka_3 x^3$$

であるため，やはり 3 次式で R_3 の要素になります．さらに，和に対する 4 つの条件とスカラー積に対する 4 つの条件を満たすこともただちに確かめられます．

これを拡張すれば，実数を係数とする多項式全体の集合 R もベクトル空間になっています．

V の部分集合 W に対して，W の任意の元 a と b に対して，$a+b$ および λa（λ はスカラー）が W の元になるとき，すなわち

$$a, b \in W \quad \text{ならば} \quad a + b \in W$$
$$a \in W \quad \text{ならば} \quad \lambda a \in W \tag{A.1.4}$$

が成り立つとき，W を V の部分空間といいます．

たとえば，2 次元ベクトル全体の集合は 3 次元ベクトル全体の部分空間になっています．また，$m < n$ としたとき，m 次以下の多項式の全体は n 次以下の多項式全体の部分空間になります．

Example A.1.2

$W = \{(x, y, z)^T | x + 2y - 3z = 0\}$ は 3 次元空間の部分空間であることを示しなさい.

[**Answer**]

$a = (a_1, a_2, a_3)^T \in W, b = (b_1, b_2, b_3)^T \in W$ とすれば,

$$a_1 + 2a_2 - 3a_3 = 0, \quad b_1 + 2b_2 - 3b_3 = 0 \tag{1}$$

が成り立ちます. 一方,

$$a + b = (c_1, c_2, c_3)^T = (a_1 + b_1, a_2 + b_2, a_3 + b_3)^T$$

に対して式(1) を用いれば,

$$\begin{aligned} c_1 + 2c_2 - 3c_3 &= (a_1 + b_1) + 2(a_2 + b_2) - 3(a_3 + b_3) \\ &= (a_1 + 2a_2 - 3a_3) + (b_1 + 2b_2 - 3b_3) = 0 \end{aligned}$$

となるため, $a + b \in W$ となります.

次に $\lambda a = (\lambda a_1, \lambda a_2, \lambda a_3)^T$ に対して式(1) を用いれば

$$\lambda a_1 + 2\lambda a_2 - 3\lambda a_3 = \lambda(a_1 + 2a_2 - 3a_3) = 0$$

となるため, $\lambda a \in W$ となります. したがって, W は部分空間になります.

部分空間でないことを示すには反例を 1 つあげます.

Example A.1.3

$$W = \{(x, y, z)^T | x + 2y - 3z = 1\}$$

は 3 次元空間の部分空間でないことを示しなさい.

[**Answer**]

たとえば

$$a = (2, 1, 1)^T \in W, b = (0, -1, -1)^T \in W$$

であることは代入すればわかります.

このとき, $a + b = (2, 0, 0)^T$ となりますが, $a + b$ は W には属しません. したがって, 部分空間ではありません.

ベクトル空間 V の元，$a_1, a_2, \cdots, a_m$ とスカラー $\lambda_1, \lambda_2, \cdots, \lambda_m$ に対し1次結合

$$\lambda_1 a_1 + \lambda_2 a_2 + \cdots + \lambda_m a_m \tag{A.1.5}$$

は $a_1, a_2, \cdots, a_m$ を含む V の最小の部分空間です．これを，ベクトル $a_1, a_2, \cdots, a_m$ によって張られる（生成される）部分空間とよびます．

たとえば，3次元ベクトル空間の平行でない2つのベクトル $\vec{a}_1, \vec{a}_2$ とスカラー λ_1, λ_2 に対して

$$\lambda_1 \vec{a}_1 + \lambda_2 \vec{a}_2$$

をつくれば，これは2つのベクトル $\vec{a}_1, \vec{a}_2$ によって張られる平面内のベクトルになります．すなわち，もとの3次元空間の部分空間になります．

ベクトル空間 V の部分空間 W_1 と W_2 に対して

$$W_1 + W_2 = \{a_1 + a_2 | a_1 \in W_1, a_2 \in W_2\} \tag{A.1.6}$$

および

$$W_1 \cap W_2 = \{a \in V | a \in W_1 \quad かつ \quad a \in W_2\} \tag{A.1.7}$$

は V の部分空間になります．前者を W_1 と W_2 の**和空間**，後者を**共通部分（積空間）**とよんでいます．

たとえば，実数を係数とする6次以下の多項式全体

$$P_0(x) = a_0 + a_1 x + a_2 x^2 + a_3 x^3 + a_4 x^4 + a_5 x^5 + a_6 x^6$$

はベクトル空間であり，そのなかで偶数べきの項だけもつ多項式の全体

$$P_2 = b_0 + b_2 x^2 + b_4 x^4 + b_6 x^6$$

はその部分空間（W_1 とします）であり，同様に3の倍数のべきだけもつ多項式の全体

$$P_3 = c_0 + c_3 x^3 + c_6 x^6$$

も部分空間（W_2 とします）です．このとき，和空間は

$$P_4 = d_0 + d_2 x^2 + d_3 x^3 + d_4 x^4 + d_6 x^6$$

の形の多項式全体であり，もとのベクトル空間の部分空間です．また，共通部分は

$$P_6 = e_0 + e_6 x^6$$

の形の多項式の集まりであり，これも部分空間になっています．

ベクトル空間の概念はベクトルを抽象化したものであり，ベクトルのみならず多項式の集まりも前述のとおりベクトル空間になっています．しかし，概念をわかりやすくするため，はじめにベクトルを例にとります．

$$\lambda_1 \vec{a}_1 + \lambda_2 \vec{a}_2 + \cdots + \lambda_m \vec{a}_m = 0 \qquad\qquad (A.1.8)$$

が $\lambda_1 = 0, \lambda_2 = 0, \cdots, \lambda_m = 0$ のときにのみ成り立つとき，ベクトル $\vec{a}_1, \vec{a}_2, \cdots, \vec{a}_m$ は1次独立であるといいます．1次独立でないとき，すなわち式（A.1.8）を満たす少なくとも1つは0でない $\lambda_1, \lambda_2, \cdots, \lambda_m$ が存在するとき，ベクトル $\vec{a}_1, \vec{a}_2, \cdots, \vec{a}_m$ は1次従属であるといいます．

　n 次元空間の n 個の n 次元ベクトルが1次独立であるかを判別するにはたとえば次のようにします．すなわち，n 個のベクトルを列にする行列をつくり，その行列式の値が0でなければ1次独立であるといえます．実際，1次独立性の定義から，

$$\lambda_1 \vec{a}_1 + \cdots + \lambda_n \vec{a}_n = 0$$

を満たす係数が

$$\lambda_1 = \cdots = \lambda_n = 0$$

に限られることが示せます．なぜなら，各ベクトルに基底を導入して成分ごとに表せば，上式は $\lambda_1 \cdots, \lambda_n$ に関する n 元1次方程式になります．一方，クラメルの公式から，もし係数からつくった行列式の値が0でなければ，解がすべて0であることがわかります．

　ベクトル空間 V が，ベクトル空間 V に属する1次独立なベクトル $\vec{a}_1, \vec{a}_2, \cdots, \vec{a}_n$ によって張られているとき，ベクトル $\vec{a}_1, \vec{a}_2, \cdots, \vec{a}_n$ を V の基底とよんでいます．そのときの基底の数 n を，ベクトル空間の次元といい，

$$\dim(V) = n$$

と記します．

　たとえば，平面は，その平面内にある2つの平行でない2次元ベクトルによって張られ，次元は2です．

　4次元ベクトル (x, y, z, w) の成分の間に $x + y = 0, y = w$ という関係があるとします．この制限がついた空間 W_1，すなわち

$$W_1 = \{(x, y, z, w)^T | x + y = 0, y = w\}$$

は 4 次元ベクトル空間の部分空間になっていることが **Example A.1.1** と同様の手続きにより確かめられます.

　次にこの部分空間の基底と次元を求めてみます. そのために連立 1 次方程式

$$x + y = 0$$
$$y - w = 0$$

を解きます. その結果, c_1 と c_2 を任意定数として

$$(x, y, z, w)^T = c_1(0, 0, 1, 0)^T + c_2(-1, 1, 0, 1)$$

が得られます. したがって, 2 つのベクトル $(0, 0, 1, 0)^T$ と $(-1, 1, 0, 1)^T$ が基底になります. また 2 つのベクトルは 1 次独立であるため, 次元は 2 です.

Example A.1.4

　4 次元ベクトル空間の次の 2 つの部分空間の基底と次元をそれぞれ求めなさい.

　　(1)　$W_2 = \{(x, y, z, w)^T | y = x + z, z = y + w\}$

　　(2)　$W_3 = \{(x, y, z, w)^T | x + y = 0, y = w, y = x + z, z = y + w\}$

[Answer]

(1)　連立 1 次方程式

$$x - y + z = 0, y - z + w = 0$$

を解くと, d_1 と d_2 を任意定数として

$$(x, y, z, w)^T = d_1(0, 1, 1, 0)^T + d_2(-1, -1, 0, 1)^T$$

となります. 上式の右辺の 2 つのベクトルは 1 次独立なので, この 2 つのベクトルが W_2 の基底で, 次元は 2 になります.

(2)　連立 1 次方程式

$$x + y = 0, y = w, x - y + z = 0, y - z + w = 0$$

を解くと, c を任意定数として

$$(x, y, z, w)^T = c(-1, 1, 2, 1)$$

となります. これが W_3 の基底であり, 次元は 1 です.

この **Example** の W_3 は，前述の W_1 と上の例題の W_2 の両方の共通部分になっています．すなわち

$$W_3 = W_1 \cap W_2$$

となります．また W_3 の基底は W_1 の基底と

$$(-1,1,2,1)^T = 2(0,0,1,0)^T + (-1,1,0,1)^T$$

の関係があり，W_2 の基底と

$$(-1,1,2,1)^T = 2(0,1,1,0)^T + (-1,-1,0,1)^T$$

の関係があります．したがって，和空間 $W_1 + W_2$ の基底は，たとえば

$$(-1,1,2,1)^T, (0,0,1,0)^T, (0,1,1,0)^T$$

であり，次元は3になります．

これらの **Example** からもわかりますが，ベクトル空間 V の部分空間 W_1 と W_2 に対して

$$\dim(W_1 + W_2) = \dim(W_1) + \dim(W_2) - \dim(W_1 \cap W_2) \qquad (A.1.9)$$

が成り立ちます．

なお，証明は以下のようにします．

$$p = \dim(W_1), \quad q = \dim(W_2), \quad r = \dim(W_1 \cap W_2)$$

とし，$W_1 \cap W_2$ の基底を $a_1, a_2, \cdots, a_r$ とします．このとき W_1 の基底は $a_1, a_2, \cdots, a_r$ に $p-r$ 個の要素 $b_1 \cdots, b_{p-r}$ をつけ加え，また W_2 の基底は $a_1, a_2, \cdots, a_r$ に $q-r$ 個の $c_1, \cdots, c_{q-r}$ をつけ加えて作ることができます．

$W_1 + W_2$ は

$$a_1, a_2, \cdots . a_r, b_1 \cdots, b_{p-r}, c_1, \cdots, c_{q-r}$$

によって張られます．ここで

$$(x_1 a_1 + \cdots + x_r a_r) + (y_1 b_1 + \cdots + y_{p-r} b_{p-r}) + (z_1 c_1 + \cdots + z_{q-r} c_{q-r}) = 0$$

$$(1)$$

とすれば

$$(x_1 a_1 + \cdots + x_r a_r) + (y_1 b_1 + \cdots + y_{p-r} b_{p-r}) = -(z_1 c_1 + \cdots + z_{q-r} c_{q-r})$$

となりますが，左辺は W_1 に属し，右辺は W_2 に属するため，これらは $W_1 \cap W_2$ に属することになります．一方，右辺が W_1 に属するためには

$$z_1 = \cdots = z_{q-r} = 0$$

が必要であり，その結果，左辺も 0 になるため，

$$x_1 = \cdots = x_r = y_1 = \cdots = y_{p-r} = 0$$

も成り立ちます．すなわち，（1）が成り立つとき，各ベクトルは 1 次独立になります．したがって，$W_1 + W_2$ の次元は

$$r + p - r + q - r = p + q - r$$

となるため式$(A.1.9)$が成り立ちます．

　次にベクトル空間の別の例として 2 次式以下の多項式の全体

$$P_2 = ax^2 + bx + c$$

の集合を考えます．この 2 次式と $x^2, x, 1$ の係数 a, b, c を対応づける関係を f で表すことにします．すなわち，

$$f(ax^2 + bx + c) = (a, b, c)^T$$

とします．この関係により 2 次式以下の多項式は 3 次元ベクトルに対応づけることができます．このとき，$x^2, x, 1 (= x^0)$ がベクトル空間の基底であると考えられます．

　3 次元ベクトルへの対応づけは 1 とおりではありません．たとえば上記の P_2 は

$$P_2 = a(x-1)^2 + (2a+b)(x-1) + (a+b+c)$$

と変形できるため

$$f_1 = (a, 2a+b, a+b+c)^T$$

という 3 次元ベクトルにも対応づけられます．このときの基底は

$$(x-1)^2, \quad (x-1), \quad 1 (= (x-1)^0)$$

です．このように基底を変化させるとベクトルが変化しますが，基底の数は 3 と不変です．

　ベクトル空間は抽象的な実体ですが，基底を導入することにより取り扱いやすい形になります．

■計量ベクトル空間

ベクトル空間 V といっただけではその要素の大きさや角度は定義されていません. そこで, ベクトル空間 V の任意のベクトル $\vec{a}, \vec{b}$ に対して, スカラー (内積とよび, $(\vec{a}, \vec{b})$ と表示します) が定義されて

$(\vec{a} + \vec{b}, \vec{c}) = (\vec{a}, \vec{c}) + (\vec{b}, \vec{c})$

$(\lambda\vec{a}, \vec{b}) = \lambda(\vec{a}, \vec{b})$

$(\vec{a}, \vec{b}) = \overline{(\vec{b}, \vec{a})}$ $\quad\quad\quad\quad\quad\quad\quad\quad\quad\quad\quad$ (A.1.10)

$(\vec{a}, \vec{a}) \geq 0$

$(\vec{a}, \vec{a}) = 0$ と $\vec{a} = 0$ は同値

が成り立つとき, V を**計量ベクトル空間**または**内積空間**とよんでいます. ただし, λ は複素数, バーは共役複素数を表します. そして, 実数も特殊な場合として含んでいます (実数の場合にはバーは不要です).

特に n 次元ベクトル $\vec{a} = (a_1, \cdots, a_n)^T, \vec{b} = (b_1, \cdots, b_n)^T$ に対して

$$(\vec{a}, \vec{b}) = a_1\bar{b}_1 + a_2\bar{b}_2 + \cdots + a_n\bar{b}_n \quad\quad\quad\quad (A.1.11)$$

と定義すれば上記の性質はすべて満足されます. これを**標準内積**とよびますが, 内積の定義は式 (A.1.11) に限られるものではありません.

たとえば, n 次以下の多項式がつくる ($n+1$ 次元) ベクトル空間に対して内積を

$$(f, g) = \int_a^b f(x)\bar{g}(x)dx \quad\quad\quad\quad\quad\quad (A.1.12)$$

で定義しても, 内積の条件は満足されます.

同じベクトル (ベクトル空間の同じ要素) の内積は定義より負にはなりません. そこで, その平方根をベクトルの長さといいます. また, 2つのベクトルの内積が 0 の場合はそれらのベクトルはお互いに直交するといいます.

n 次元計量ベクトル空間 V の基底の大きさが 1 であり, それぞれ直交している場合を**正規直交基底**といいます. すなわち, 正規直交基底を $\vec{e}_i, \vec{e}_j$ とする場合,

$$\vec{e}_i \cdot \vec{e}_j = 0 \ (i \neq j), \quad \vec{e}_i \cdot \vec{e}_j = 1 \ (i = j)$$

が成り立ちます.

　一般に，計量ベクトル空間において（正規直交系でない）基底が与えられたとき，それをもとにして正規直交基底をつくることができます．

A.2　線形写像

ベクトル空間 V からベクトル空間 W への写像 f が

$$f(a+b) = f(a) + f(b) \quad (a, b \in V)$$
$$f(\lambda a) = \lambda f(a) \quad (a \in V) \tag{A.2.1}$$

を満足するとき，f を V から W への**線形写像**または **1 次写像**とよんでいます．特に $V = W$ のとき，すなわち同じベクトル空間内の線形写像を線形変換または 1 次変換とよんでいます．

Example A.2.1

　次の写像は線形写像かどうかを調べなさい．

(1)　$f((x, y, z)^T) = (y - z, x - z)^T$

(2)　$f((x, y)^T) = (x, y + 1)^T$

[Answer]

(1)　$\vec{a}_1 = (x_1, y_1, z_1)^T, \ \vec{a}_2 = (x_2, y_2, z_2)^T$ とおくと

$$f(\vec{a}_1 + \vec{a}_2) = f((x_1 + x_2, y_1 + y_2, z_1 + z_2)^T)$$
$$= (y_1 + y_2 - (z_1 + z_2), x_1 + x_2 - (z_1 + z_2))^T$$
$$f(\vec{a}_1) + f(\vec{a}_2) = (y_1 - z_1, x_1 - z_1)^T + (y_2 - z_2, x_2 - z_2)^T$$
$$= (y_1 + y_2 - (z_1 + z_2), x_1 + x_2 - (z_1 + z_2))^T$$

より $f(\vec{a}_1 + \vec{a}_2) = f(\vec{a}_1) + f(\vec{a}_2)$ となります．さらに

$$f(\lambda \vec{a}_1) = f((\lambda x_1, \lambda x_2, \lambda x_3)^T) = (\lambda y_1 - \lambda z_1, \lambda x_1 - \lambda z_1)^T$$
$$\lambda f(\vec{a}_1) = \lambda (y_1 - z_1, x_1 - z_1)^T = (\lambda y_1 - \lambda z_1, \lambda x_1 - \lambda z_1)^T$$

より $f(\lambda \vec{a}_1) = \lambda f(\vec{a}_1)$ となります．したがって，線形写像です．

(2)　$\vec{a} = (0, 0)$ として，$f(\lambda \vec{a}) = \lambda f(\vec{a})$ が成り立つかどうかを調べてみます．

$$f(\lambda \vec{a}) = f((\lambda x, \lambda y)^T) = f((0, 0)^T) = (0, 1)^T$$
$$\lambda f(\vec{a}) = \lambda (0, 1)^T = (0, \lambda)^T$$

となるので，$\lambda \neq 1$ のとき成り立ちません．したがって，線形写像ではあり

ません.

　Vを$\{a_1, a_2, \cdots, a_n\}$を基底にもつ$n$次元ベクトル空間, Wを$\{b_1, b_2, \cdots, b_m\}$を基底にもつ$m$次元ベクトル空間とします. VからWへの線形写像fに対して

$$f(a_1) = f_{11}b_1 + f_{21}b_2 + \cdots + f_{m1}b_m$$
$$f(a_2) = f_{12}b_1 + f_{22}b_2 + \cdots + f_{m2}b_m$$
$$\cdots \qquad\qquad (A.2.2)$$
$$f(a_n) = f_{1n}b_1 + f_{2n}b_2 + \cdots + f_{mn}b_m$$

となる場合に, 係数からつくられる$m \times n$行列

$$F = \begin{bmatrix} f_{11} & f_{12} & \cdots & f_{1n} \\ f_{21} & f_{22} & \cdots & f_{2n} \\ \vdots & \vdots & \vdots & \vdots \\ f_{m1} & f_{m2} & \cdots & f_{mn} \end{bmatrix} \qquad\qquad (A.2.3)$$

を基底 $\{a_1, a_2, \cdots, a_n\}$, $\{b_1, b_2, \cdots, b_m\}$ に関する**表現行列**とよんでいます[*1].

　ベクトル空間を構成する要素は基底を用いて表現できますが, 2つのベクトル間の対応関係を与える線形写像は上述のように行列を用いて表現することができるため, 表現行列という名前がついています.

　ベクトル $\vec{x}$ の基底$\{a_1, a_2, \cdots, a_n\}$に関する座標を $\vec{x} = (x_1, x_2, \cdots, x_n)$, ベクトル $\vec{y}$ の$\{b_1, b_2, \cdots, b_m\}$に関する座標を $\vec{y} = (y_1, y_2, \cdots, y_n)$, 表現行列を F とすれば,

$$\vec{y} = F\vec{x} \qquad\qquad (A.2.4)$$

となります.

Example A.2.2

　線形写像 $f((x, y, z)^T) = (6x + 5y + 4z, -x - y - z)^T$ について, 基底

$$((-1, 1, 1)^T, (1, -1, 1)^T, (1, 1, -1)^T), ((-1, 1)^T, (2, -1)^T)$$

に対する表現行列を求めなさい.

[*1]　式$(A.2.2)$の係数を行列の形に並べたものと行列$(A.2.3)$の要素は行と列が逆転していることに注意します.

[Answer]

$$f((-1,1,1)^T) = (3, -1)^T$$
$$f((1, -1,1)^T) = (5, -1)^T$$
$$f((1,1, -1)^T) = (7, -1)^T$$

となるため，

$$(3, -1)^T = f_{11}(-1,1)^T + f_{21}(2, -1)^T$$

とおいて，f_{11} と f_{21} を求めると

$$f_{11} = 1, f_{21} = 2$$

となります．同様に

$$(5, -1)^T = 3(-1,1)^T + 4(2, -1)^T = f_{12}(-1,1)^T + f_{22}(2, -1)^T$$
$$(7, -1)^T = 5(-1,1)^T + 6(2, -1)^T = f_{13}(-1,1)^T + f_{23}(2, -1)^T$$

となります．したがって，

$$F = \begin{bmatrix} 1 & 3 & 5 \\ 2 & 4 & 6 \end{bmatrix}$$

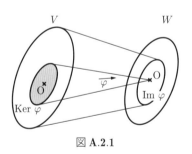

図 **A.2.1**

　図 $A.2.1$ に示すようにベクトル空間 V からベクトル空間 W への線形写像に対して，集合

$$\text{Im} f = f(V) = \{f(a)|a \in V\} \qquad (A.2.5)$$

を，f が写像された先という意味で f の**像**といいます．像は写像 f の**値域**ともいいます．その場合，もとのベクトル空間を**定義域**といいます．

Example A.2.3

V から W への線形写像 f に対して $\mathrm{Im}f$ は W の線形部分空間であることを示しなさい.

[Answer]

線形写像の条件をみたすかどうかを調べます. 定義から $z \in f, w \in \mathrm{Im}f$ のとき,

$$f(x) = z, \qquad f(y) = w$$

を満足する $x \in V, y \in V$ が存在します. このとき, $x + y \in V$ であり, f が線形写像であることから

$$f(x + y) = f(x) + f(y) = z + w$$

が成り立ちます. すなわち, $z + w \in f$ となります.

またスカラー k に対して $f(kx) = kf(x) = kz$ が成り立つため, $kz \in \mathrm{Im}f$ です.

上記のように $\mathrm{Im}f$ は W の部分空間になっていますが, f が図 $A.2.2$ のように W に一致する場合もあります. このような場合, f を V から W の上への写像, または**全射**であるといいます. 写像 f が V の異なる要素を W の異なる要素に写像するとき, 1 対 1 の写像, または**単射**といいます. 写像 f が全射かつ単射であれば**全単射**であるといいます. 写像 f が全単射であれば W から V への写像も全単射になります. これを**逆写像**といいます. 特に $V = W$ の場合を**逆変換**といいます.

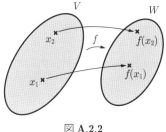

図 **A.2.2**

　前述のように線形写像のなかでベクトル空間 V から同じ V への写像 f を 1 次変換または線形変換とよんでいます。V が n 次元であれば、1 次変換の表現行列 F は $n \times n$ の正方行列になります。F が逆行列 F^{-1} をもつならば（同じことですが F の行列式が 0 でなければ）もとの 1 次変換を正則変換といいます。このとき F^{-1} も V から V への正則変換の表現行列になりますが、このような変換を f^{-1} と記し、f の逆変換とよんでいます。このとき以下が成り立ちます。

> **Point**
>
> 　線形変換 f の表現行列 F が逆行列 F^{-1} をもつとき、f には逆変換 f^{-1} があり、f^{-1} の表現行列は F^{-1} である。

　W の 0 に写像される V の元 a の集合、すなわち

$$\mathrm{Ker}f = \{a \in V | f(a) = 0\} \tag{A.2.6}$$

を f の核とよびます（図 A.2.1 参照）。以下に示すように $\mathrm{Ker}f$ は V の部分空間になっています。

Example A.2.4

　V から W への線形写像 f に対して $\mathrm{Ker}f$ は W の線形部分空間であることを示しなさい。

[**Answer**]

　Example A.2.3 と同様、線形性の条件が成り立つかを調べます。

$$x \in \mathrm{Ker}f, \ y \in \mathrm{Ker}f$$

のとき、f が線形写像であることから

$$f(x+y) = f(x) + f(y) = 0 + 0 = 0$$

したがって、$x + y \in \mathrm{Ker}f$。またスカラー k に対して、

$$f(kx) = kf(x) = 0$$

より、$kx \in \mathrm{Ker}f$

Example A.2.5

次の線形写像の像と核を求めなさい.

$$f((x,y,z,w)^T) = (x-4y+2z+w, y+2z-3w, x-3y+4z-2w)^T$$

[**Answer**]

$$\vec{e}_1 = (1,0,0,0),\ \vec{e}_2 = (0,1,0,0),\ \vec{e}_3 = (0,0,1,0),\ \vec{e}_4 = (0,0,0,1)$$

とすれば

$$f(\vec{e}_1) = (1,0,1)^T, f(\vec{e}_2) = (-4,1,-3)^T$$
$$f(\vec{e}_3) = (2,2,4)^T, f(\vec{e}_4) = (1,-3,-2)$$

となります. この中ではじめの2つは1次独立であり, あとの2つははじめの2つの線形結合で表せます. したがって, f の像は基底 $(1,0,1)^T, (-4,1,-3)^T$ をもつ2次元部分空間になります.

核を求めるためには, 連立1次方程式

$$x-4y+2z+w=0$$
$$y+2z-3w=0$$
$$x-3y+4z-2w=0$$

を解きます. その結果, λ と μ を任意定数として

$$(x,y,z,w)^T = \lambda(-10,-2,1,0) + \mu(11,3,0,1)$$

が得られます. したがって, 核は上式の2つのベクトルを基底とする2次元部分空間になります.

上記の線形写像の像と核の間には次の事実があり, **次元定理**とよばれています.

> **Point**
>
> n 次元ベクトル空間から m 次元ベクトル空間への線形写像 f に対して次式が成り立つ.
>
> $$\dim(\mathrm{Im}f) + \dim(\mathrm{Ker}f) = \dim V \qquad (A.2.7)$$

証明は以下のようにします. 像の次元を p とすれば, $\mathrm{Im}f$ に p 個の独立な

ベクトル $c_1, \cdots, c_p$ が存在します．このとき，V には $f(a_1) = c_1, \cdots, f(a_p) = c_p$ となる要素 $a_1 \cdots, a_p$ が存在します．V の要素 x に対して，$f(x) \in \mathrm{Im} f$ となるため，

$$f(x) = \alpha_1 c_1 + \cdots + \alpha_p c_p$$

と書くことができます．そこで

$$y = x - (\alpha_1 a_1 + \cdots + \alpha_p a_p)$$

とおけば，f の線形性から

$$f(y) = f(x) - (\alpha_1 f(a_1) + \cdots + \alpha_p f(a_p))$$
$$= f(x) - (\alpha_1 c_1 + \cdots + \alpha_p c_p) = 0$$

となります．このことは，$y \in \mathrm{Ker} f$ を意味するため，$\mathrm{Ker} f$ の次元を q として $b_1, \cdots, b_q$ を基底とすれば

$$y = \beta_1 b_1 + \cdots + \beta_q b_q$$

と表せます．したがって，

$$x = (\alpha_1 a_1 + \cdots + \alpha_p) + y$$
$$= (\alpha_1 a_1 + \cdots + \alpha_p a_p) + (\beta_1 b_1 + \cdots + \beta_q b_q)$$

となります．ここで $a_1, \cdots, a_p$ と $b_1, \cdots, b_q$ が 1 次独立であれば V の次元は $p + q$ となるため，式 $(A.2.7)$ が成り立つことがわかります．

　1 次独立を示すため

$$d = (\alpha_1 a_1 + \cdots + \alpha_p a_p) + (\beta_1 b_1 + \cdots + \beta_q b_q) = 0$$

が成り立つ場合には，$\alpha_1 = \cdots = \alpha_p = \beta_1 = \cdots = \beta_q = 0$ であることを示します．f が線形であることと $f(b_i) = 0$ であることを用いて，$f(d)$ を計算すれば

$$f(d) = \alpha_1 f(a_1) + \cdots + \alpha_p f(a_p) = \alpha_1 c_1 + \cdots + \alpha_p c_p = 0$$

となりますが，$c_1, \cdots, c_p$ は独立であるため，

$$\alpha_1 = \cdots = \alpha_p = 0$$

となります．このとき $d = 0$ は

$$\beta_1 b_1 + \cdots + \beta_q b_q = 0$$

となりますが，$b_1, \cdots, b_q$ も独立であるため，$b_1 = \cdots = b_q = 0$ です．以上のことから 1 次独立性が証明されます．

問題略解

Chapter 1

1. (a) 2
   (b) 3

2. (a) $rank \begin{bmatrix} 2 & 3 & 4 \\ 3 & 4 & 5 \\ 4 & 5 & 6 \end{bmatrix} = rank \begin{bmatrix} 2 & 3 & 4 \\ 1 & 1 & 1 \\ 1 & 1 & 1 \end{bmatrix} = rank \begin{bmatrix} 2 & 3 & 4 \\ 1 & 1 & 1 \\ 0 & 0 & 0 \end{bmatrix} = 2$

   $rank \begin{bmatrix} 2 & 3 & 4 & a \\ 3 & 4 & 5 & b \\ 4 & 5 & 6 & c \end{bmatrix} = rank \begin{bmatrix} 2 & 3 & 4 & a \\ 1 & 1 & 1 & b-a \\ 0 & 0 & 0 & a+c-2b \end{bmatrix}$

   より，$a+c=2b$，このとき $z=k$ とおくと，$2x+3y=a-4k$，$3x+4y=b-5k$. これを解いて $x=-4a+3b+k$，$y=3a-2b-2k$（k は任意）

3. (a) 与式 $= 2\begin{bmatrix} -1 & 11 \\ -4 & -5 \end{bmatrix} - 3\begin{bmatrix} 9 & 12 \\ 1 & -1 \end{bmatrix} = \begin{bmatrix} -29 & -14 \\ -11 & -7 \end{bmatrix}$

   (b) $\begin{bmatrix} 14 & 11 \\ 8 & 6 \end{bmatrix}$

   (c) $\begin{bmatrix} 1 & 2 & 3 \\ 2 & 8 & 14 \\ 3 & 7 & 11 \end{bmatrix}$

4. $A=[a_{ij}], B=[b_{ij}]$ とすれば，

   (a) $\mathrm{Tr}(A+B) = \sum_{i=1}^{n}(a_{ii}+b_{ii}) = \sum_{i=1}^{n}a_{ii} + \sum_{i=1}^{n}b_{ii}$

   (b) $\mathrm{Tr}(AB) = \sum_{i=1}^{n}\left(\sum_{j=1}^{n}a_{ij}b_{ji}\right) = \sum_{i=1}^{n}\left(\sum_{j=1}^{n}b_{ji}a_{ij}\right)$

   $= \sum_{i=1}^{n}(b_{1i}a_{i1}+\cdots+b_{ni}a_{in}) = \sum_{j=1}^{n}\left(\sum_{i=1}^{n}b_{ji}a_{ij}\right) = \mathrm{Tr}(BA)$

5. 与式を A とおくと，

$$A^2 = \begin{bmatrix} 0 & 0 & 0 & 0 \\ 0 & 0 & 0 & 0 \\ a^2 & 0 & 0 & 0 \\ 0 & a^2 & 0 & 0 \end{bmatrix}, A^3 = \begin{bmatrix} 0 & 0 & 0 & 0 \\ 0 & 0 & 0 & 0 \\ 0 & 0 & 0 & 0 \\ a^3 & 0 & 0 & 0 \end{bmatrix}$$

$$A^n = [0] \quad (n \geq 4)$$

6. (a) $\dfrac{1}{7} \begin{bmatrix} 5 & -1 & -3 \\ 5 & -1 & -10 \\ -3 & 2 & 6 \end{bmatrix}$

(b) $\dfrac{1}{abc} \begin{bmatrix} bc & -cd & df - be \\ 0 & ac & -af \\ 0 & 0 & ab \end{bmatrix}$

7. $A(I - A) = AI - A^2 = A - A^2$ 仮定から $I = A - A^2$，したがって $A(I - A) = I$ なので，A は正則で逆行列は $I - A$

Chapter 2

1. (a) 与式 $= \begin{vmatrix} 1 & 1 & 1 \\ x & y & z \\ y+z+x & z+x+y & x+y+z \end{vmatrix} = (x+y+z) \begin{vmatrix} 1 & 1 & 1 \\ x & y & z \\ 1 & 1 & 1 \end{vmatrix} = 0$

(b) 与式 $= \omega^3 + \omega^6 + \omega^3 - 1 - \omega^6 - \omega^3 = 1 + 1 + 1 - 1 - 1 - 1 = 0$

2. (a) 与式 $= \begin{vmatrix} 1+x & 6 \\ 2 & 6 \end{vmatrix} + (1-x) \begin{vmatrix} 1 & 2-x \\ 1+x & 6 \end{vmatrix}$

$= 6(x-1) - (x-1)(x^2 - x + 4)$

$= -(x-1)(x+1)(x-2) \rightarrow x = 1, -1, 2$

(b) 与式 $= \begin{vmatrix} 5 & 1 & 7 \\ 1 & 7 & 4 \\ 0 & 6 & 3 \end{vmatrix} - x \begin{vmatrix} 2 & 3 & 1 \\ 1 & 7 & 4 \\ 0 & 6 & 3 \end{vmatrix} = 24 + 9x = 0 \rightarrow x = -\dfrac{8}{3}$

3. (a) 与式 $= \begin{vmatrix} 1 & a & a^2 \\ 0 & b-a & b^3 - a^3 \\ 0 & c-a & c^3 - a^3 \end{vmatrix}$

$= (b-a)(c-a)(c^2 + ca + a^2) - (c-a)(b-a)(b^2 + ba + a^2)$

$= (b-a)(c-a)(c-b)(a+b+c)$

(b) 与式 $= \begin{vmatrix} 1 & 0 & 0 & 0 \\ a & b-a & c-a & d-a \\ a^2 & b^2-a^2 & c^2-a^2 & d^2-a^2 \\ a^3 & b^3-a^3 & c^3-a^3 & d^3-a^3 \end{vmatrix}$

$= (b-a)(c-a)(d-a) \begin{vmatrix} 1 & 1 & 1 \\ b+a & c+a & d+a \\ b^2+ba+a^2 & c^2+ca+a^2 & d^2+da+a^2 \end{vmatrix}$

$= (b-a)(c-a)(d-a)$

$\times \begin{vmatrix} 1 & 0 & 0 \\ b+a & c-b & d-b \\ b^2+ba+a^2 & (c-b)(a+b+c) & (d-b)(a+b+d) \end{vmatrix}$

$= (b-a)(c-a)(d-a)(c-b)(d-b)(d-c)$

4. (a) -30

(b) 与式 $= \begin{vmatrix} a+b+c+d+p & b & c & d \\ a+b+c+d+p & b+p & c & d \\ a+b+c+d+p & b & c+p & d \\ a+b+c+d+p & b & c & d+p \end{vmatrix}$

$= (a+b+c+d+p) \begin{vmatrix} 1 & b & c & d \\ 1 & b+p & c & d \\ 1 & b & c+p & d \\ 1 & b & c & d+p \end{vmatrix}$

$= (a+b+c+d+p) \begin{vmatrix} 1 & b & c & d \\ 0 & p & 0 & 0 \\ 0 & 0 & p & 0 \\ 0 & 0 & 0 & p \end{vmatrix} = p^3(a+b+c+d+p)$

5. $(a-1)x+2y=(2a-1)z, 2x+4y=3az, (3a-2)x-2y=(a-2)z$ が $z=1$（したがって $z \neq 0$）という解をもつ必要がある．したがってクラメルの公式より係数からつくった行列式は 0 である．すなわち

$$\begin{vmatrix} a-1 & 2 & -2a+1 \\ 2 & 4 & -3a \\ 3a-2 & -2 & -a+2 \end{vmatrix} = \begin{vmatrix} a-2 & 0 & -a/2+1 \\ 2 & 4 & -3a \\ 3a-1 & 0 & -5a/2+2 \end{vmatrix} = -2(2a-3)(a-2) = 0$$

より，$a=3/2, a=2$

6. $\begin{bmatrix} a & b & c \\ c & a & b \\ b & c & a \end{bmatrix} \begin{bmatrix} \alpha & \beta & \gamma \\ \gamma & \alpha & \beta \\ \beta & \gamma & \alpha \end{bmatrix} = \begin{bmatrix} a\alpha+b\gamma+c\beta & a\beta+b\alpha+c\gamma & a\gamma+b\beta+c\alpha \\ a\gamma+b\beta+c\alpha & a\alpha+b\gamma+c\beta & a\beta+b\alpha+c\gamma \\ a\beta+b\alpha+c\gamma & a\gamma+b\beta+c\alpha & a\alpha+b\gamma+c\beta \end{bmatrix}$

より導ける．後半は各行列に対する行列式を展開すればよい．

Chapter 3

1. (a) ベクトル $\overrightarrow{OP}$ （点 P は任意）を原点 O のまわりに 90°回転 （$(1,0)^T$ が $(0,1)^T$ に，$(0,1)^T$ が $(-1,0)^T$ に写像される）.

   (b) ベクトル $\overrightarrow{OP}$ を直線 $y=-x$ に関して対称移動 （$(1,0)^T$ が $(0,-1)^T$ に，$(0,1)^T$ が $(-1,0)^T$ に写像される）.

   (c) 空間においてベクトル　を面 $y=x$ に関して対称移動 （$(1,0,0)^T$ が $(0,1,0)^T$ に，$(0,1,0)^T$ が $(0,0,1)^T$ に，$(0,0,1)^T$ が $(0,0,1)^T$ に写像される）.

2. x 軸に関して対称移動した後に角度 θ 回転.

3. (a) x,y,z 方向の単位ベクトルはそれぞれ
$$\begin{bmatrix} -1 \\ 0 \\ 0 \end{bmatrix}, \begin{bmatrix} 0 \\ 1 \\ 0 \end{bmatrix}, \begin{bmatrix} 0 \\ 0 \\ 1 \end{bmatrix}$$
に写像されるため，
$$\begin{bmatrix} -1 & 0 & 0 \\ 0 & 1 & 0 \\ 0 & 0 & 1 \end{bmatrix}$$

   (b) x,y,z 方向の単位ベクトルはそれぞれ
$$\begin{bmatrix} -1 \\ 0 \\ 0 \end{bmatrix}, \begin{bmatrix} 0 \\ 1 \\ 0 \end{bmatrix}, \begin{bmatrix} 0 \\ 0 \\ -1 \end{bmatrix}$$
写像されるため，
$$\begin{bmatrix} -1 & 0 & 0 \\ 0 & 1 & 0 \\ 0 & 0 & -1 \end{bmatrix}$$

   (c) x,y,z 方向の単位ベクトルはそれぞれ
$$\begin{bmatrix} -1 \\ 0 \\ 0 \end{bmatrix}, \begin{bmatrix} 0 \\ -1 \\ 0 \end{bmatrix}, \begin{bmatrix} 0 \\ 0 \\ -1 \end{bmatrix}$$
に写像されるため，
$$\begin{bmatrix} -1 & 0 & 0 \\ 0 & -1 & 0 \\ 0 & 0 & -1 \end{bmatrix}$$

4. 式 (3.6.1) に対応して 3 つのベクトルからつくった連立 3 元 1 次方程式
$$c_1 + 2c_2 + 3c_3 = 0, \quad -2c_1 + 5c_2 - c_3 = 0, \quad 3c_1 - 3c_2 + 4c_3 = 0$$
を解くためにガウスの消去法を実行すれば，
$$\begin{bmatrix} 1 & 2 & 3 & 0 \\ -2 & 5 & -1 & 0 \\ 3 & -3 & 4 & 0 \end{bmatrix} \rightarrow \begin{bmatrix} 1 & 2 & 3 & 0 \\ 0 & 9 & 5 & 0 \\ 0 & -9 & -5 & 0 \end{bmatrix} \rightarrow \begin{bmatrix} 1 & 2 & 3 & 0 \\ 0 & 9 & 5 & 0 \\ 0 & 0 & 0 & 0 \end{bmatrix}$$
となる．これから

$$c_1 + 2c_2 + 3c_3 = 0, \quad 9c_2 + 5c_3 = 0$$

となり，解は t を任意の数として

$$c_3 = t, c_2 = -\frac{5}{9}t, c_1 = -\frac{17}{9}t$$

と表せる．この式でたとえば $t = -9$ おけばわかるように，もとの連立方程式は 0 でない解 $c_1 = 17$，$c_2 = 5$，$c_3 = -9$ をもつ．したがって 1 次従属である．

Chapter 4

1. (a) $\lambda = 1, \vec{x} = c_1 \begin{bmatrix} \sin\theta \\ 1 + \cos\theta \end{bmatrix}, \lambda = -1, \vec{x} = c_1 \begin{bmatrix} -\sin\theta \\ 1 - \cos\theta \end{bmatrix}$

   (b) $\lambda = 0, \pm\sqrt{-14}$, 実の固有ベクトルは

   $$\vec{x} = c_1 \begin{bmatrix} 3 \\ -2 \\ 1 \end{bmatrix}$$

   (c) $\lambda = 2, \vec{x} = c_1 \begin{bmatrix} 1 \\ 1 \\ 1 \end{bmatrix}, \lambda = -1 \,(\text{重根}), \vec{x} = c_2 \begin{bmatrix} -1 \\ 1 \\ 0 \end{bmatrix}, c_3 \begin{bmatrix} -1 \\ 0 \\ 1 \end{bmatrix}$

2. 固有値は $1, -1, 2$ で固有ベクトルはそれぞれ

   $$\begin{bmatrix} 1 \\ 1 \\ 1 \end{bmatrix}, \begin{bmatrix} 1 \\ 0 \\ -1 \end{bmatrix}, \begin{bmatrix} 0 \\ 1 \\ 1 \end{bmatrix}.$$

   したがって

   $$P = \begin{bmatrix} 1 & 1 & 0 \\ 1 & 0 & 1 \\ 1 & -1 & 1 \end{bmatrix}$$

   このとき

   $$P^{-1} = \begin{bmatrix} 1 & -1 & 1 \\ 0 & 1 & -1 \\ -1 & 2 & -1 \end{bmatrix}$$

   $$P^{-1}AP = \begin{bmatrix} \lambda_1 & 0 & 0 \\ 0 & \lambda_2 & 0 \\ 0 & 0 & \lambda_3 \end{bmatrix} = \begin{bmatrix} 1 & 0 & 0 \\ 0 & -1 & 0 \\ 0 & 0 & 2 \end{bmatrix}$$

   $$P^{-1}A^kP = \left(P^{-1}AP\right)^k = \begin{bmatrix} 1 & 0 & 0 \\ 0 & (-1)^k & 0 \\ 0 & 0 & 2^k \end{bmatrix},$$

   $$A^k = P\left(P^{-1}AP\right)^k P^{-1} = \begin{bmatrix} 1 & -1+(-1)^k & 1-(-1)^k \\ 1-2^k & -1+2^{k+1} & 1-2^k \\ 1-2^k & -1-(-1)^k+2^{k+1} & 1+(-1)^k-2^k \end{bmatrix}$$

3. 与式 $= x_1(3x_1 + 2x_2) + x_2(2x_1 - x_2) = \begin{bmatrix} x_1 \\ x_2 \end{bmatrix}^T \begin{bmatrix} 3 & 2 \\ 2 & -1 \end{bmatrix} \begin{bmatrix} x_1 \\ x_2 \end{bmatrix}$

4. 与えられた 2 次形式は次のように書ける.

$$\begin{bmatrix} x_1 & x_2 & x_3 \end{bmatrix} \begin{bmatrix} 5 & 2 & 1 \\ 2 & 4 & 2 \\ 1 & 2 & 5 \end{bmatrix} \begin{bmatrix} x_1 \\ x_2 \\ x_3 \end{bmatrix}$$

中央の行列の固有値は $2, 4, 8$ で, それぞれに対応する規格化された固有ベクトルから変換行列 P と固有値から規格化行列 Q をつくれば,

$$P = \frac{1}{\sqrt{6}} \begin{bmatrix} 1 & \sqrt{3} & \sqrt{2} \\ -2 & 0 & \sqrt{2} \\ 1 & -\sqrt{3} & \sqrt{2} \end{bmatrix}, Q = \begin{bmatrix} 1/\sqrt{2} & 0 & 0 \\ 0 & 1/2 & 0 \\ 0 & 0 & 1/2\sqrt{2} \end{bmatrix}$$

となる. したがって,

$$P^T A P = 2y_1^2 + 4y_2^2 + 8y_3^2 \ (\vec{x} = P\vec{y})$$
$$(PQ)^T A (PQ) = z_1^2 + z_2^2 + z_3^2 \ (\vec{y} = Q\vec{z})$$

となる.

Index

【著者紹介】

河村 哲也（かわむら てつや）
お茶の水女子大学 大学院人間文化創成科学研究科 教授（工学博士）

コンパクトシリーズ 数学 線形代数

2020 年 3 月 30 日　初版第 1 刷発行

著　者　河 村 哲 也
発行者　田 中 壽 美

発 行 所　インデックス出版
〒 191-0032　東京都日野市三沢 1-34-15
Tel 042-595-9102　Fax 042-595-9103
URL：http://www.index-press.co.jp

Printed in Japan　ISBN978-4-910058-01-6 C3041　　乱丁，落丁本はお取替えいたします。